航天产品飞行成功子样
数据包络分析

吴燕生　编著

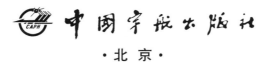
中国宇航出版社
·北京·

图书在版编目(CIP)数据

航天产品飞行成功子样数据包络分析 / 吴燕生编著
. —— 北京：中国宇航出版社，2019.3
ISBN 978 - 7 - 5159 - 1606 - 4

Ⅰ.①航… Ⅱ.①吴… Ⅲ.①航空航天工业－工业产
品－样机－包络－系统分析 Ⅳ.①V1

中国版本图书馆 CIP 数据核字(2019)第 049396 号

责任编辑 彭晨光

责任校对 祝延萍　　　**封面设计** 宇星文化

出 版
发 行　　**中国宇航出版社**

社　址　北京市阜成路 8 号　**邮 编** 100830
　　　　(010)60286808　　(010)68768548
网　址　www.caphbook.com
经　销　新华书店
发行部　(010)60286888　　(010)68371900
　　　　(010)60286887　　(010)60286804(传真)
零售店　读者服务部　　　(010)68371105
承　印　河北画中画印刷科技有限公司

版 次 2019 年 3 月第 1 版
　　　　2019 年 3 月第 1 次印刷
规 格 787×1092
开 本 1/16
印 张 12.75　　**彩 插** 2 面
字 数 310 千字
书 号 ISBN 978 - 7 - 5159 - 1606 - 4
定 价 98.00 元

本书如有印装质量问题，可与发行部联系调换

前　言

航天工程具有极端复杂性、高风险性，因此，高质量、高可靠、高安全要求是航天工程的显著特征。质量工作既要有好的思想方法，也要有好的工作方法，还要有科学的方法工具，才能使质量工作达到科学、有效。中国航天是在"独立自主、自力更生"的方针指导下发展起来的，在航天工程实践中，我们不仅学习、借鉴和推广了 ISO 9000 系列标准、卓越绩效模式、六西格玛、星级现场、质量功能展开、QC 小组、FMEA、FTA 等通用的质量体系、过程管理以及具体的质量工具方法，也创造性地提出并应用了质量问题归零、FMEA 与 FTA 相结合的故障模式分析、飞行时序动作检查确认、六域交集分析、测试覆盖性分析、试验充分性分析、"四不到四到"分析等航天工程质量与风险控制方法，这些方法的应用对于保证航天产品不断实现成功目标，发挥了极其重要的作用。

十余年前，航天面对批生产型号失利的被动局面，为寻求航天产品小子样质量一致性和稳定的控制方法，破解航天型号转入批产后均遭遇失利的被动"规律"，我们提出了飞行成功子样数据包络分析的理念和方法，开始在航天型号中实践，并在实践中不断探索、总结改进，逐步形成航天产品飞行成功子样数据包络分析的系统性方法体系，纳入到航天质量控制流程，为实现航天型号飞行试验连续成功起到了重要保证作用。

中国航天经过几十年的发展，虽然积累了很多经验和数据，但从产品质量一致性与稳定性评价的角度看，从航天环境的复杂性和时变性看，我们还是面临小子样的问题，如何充分利用已有的飞行成功子样数据，把待飞行产品的数据控制在先验的成功数据包络范围内，成为我们当初的一个基本出发点。

这个方法的核心有三个。一是解决什么是成功子样数据，只有决定火箭飞行成功的关键数据，才具备成功子样数据的条件，因此，我们先要解决产品关键、重要特性分析的全面性和有效性问题，这项工作是从型号研制之初就开始抓的，并且要在型号研制过程中不断迭代，其次，要解决关键特性的表征以及数据的获取问题，这也是一个十分复杂的问题，既有认识问题，也有条件保证问题。二是要解决什么样的数据包络范围才是成功的、可靠的。因为特性的关联性，有了数据包络面和域的概念，但实施上通常要转化为简单、可操作的包络线控制，一定的子样通常存在两类风险，即可靠的数据被处理在包络外，不可靠的数据被纳入包络，这些都是我们构建包络线要考虑的问题。三是如何应用包络线来控制风险和优化设计。例如，处在合格范围之内，包络线的范围之外，通常会存在潜在的问题；在合格的边界或不合格，但始终在包络线之内，则需要优化设计。综上所述，此方法不仅仅适用于数据管理，更重要的是对可靠性设计分析、产品质量一致性保证过程控制、技术风险控制、质量分析和持续改进的一个全面推动。

党的十九大描绘了决胜全面建成小康社会、建设中国特色社会主义现代化强国、建设世界一流军队的宏伟蓝图，做出了建设科技强国、质量强国、航天强国等一系列战略部署，明确提出建设现代化经济体系、实现高质量发展、培育具有国际竞争力的世界一流企业等发展目标。为实现建设世界一流企业、支撑世界一流军队建设、推动我国全面建成航天强国的奋斗目标，中国航天科技集团有限公司提出了"高质量保证成功、高效率完成任务、高效益推动航天强国和国防建设"的"三高"战略目标，实现"三高"的一个重要手段就是要加强研究中国航天多年形成的"从源头抓起，过程控制，零缺陷管理"从理念向实践转化的有效方法，特别是在实践中自主创新的有效方法，通过科学方法、先进工具的有效应用，提升产品质量保证的内在能力。

为更好地总结提炼航天产品飞行成功子样数据包络分析已有的成果、经验，系统推广产品飞行成功子样数据包络分析的理论和方法，加强对产品飞行成功子样数据包络分析理论的研究与交流，撰写了这本《航天产品飞行成功子样数据包络分析》，全书共分为9章。第1章，概述，介绍了航天产品飞行成功子样数据包络分析方法的概念，国内外相关技术方法的发展与应用情况，分析了方法的应用对象、应用时机、应用过程以及与其他质量工作的关系。第2章，产品飞行成功子样数据包络分析工作过程，阐述了产品飞行成功子样数据包络对象确定、包络线构建、包络分析结果风险评估及潜在风险闭环管理四个工作过程。从第3章到第8章，围绕产品飞行成功子样数据包络分析工作过程，分别阐述了每一过程的理论基础和支撑方法，并用详细的案例介绍了相关方法在产品飞行成功子样数据包络分析中的应用过程。第9章，运载火箭产品飞行成功子样数据包络分析实践，以运载火箭动力及增压输送系统为例，详细阐述了产品飞行成功子样数据包络分析在航天工程实践中的应用过程，为系统地开展方法应用提供指导。

在本书编写过程中，吴燕生、杨双进、李京苑、卿寿松等参加了全书的策划。吴燕生、杨双进、李京苑、胡云、荆泉、贾成武、陈金存、王立炜、宋燚参加了第1章、第2章的撰写；李京苑、李跃生、杨兆军、魏超、程荣良、韩书锋、刘继锋参加了第3章的撰写；荆泉、张佳林、王业强、何景轩、谢恒、叶培、张兆磊、王勇、顾曝、张立、张华婷参加了第4章的撰写；胡云、米凯、韩峰、郭晓慧、孙岳、徐嫣、高桂杰、黄仕启、姜冬玲、韩冬梅、袁建光、覃昌明参加了第5章的撰写；米凯、胡云、姜南、徐东、刘智卿、张陶参加了第6章的撰写；李京苑、胡云、黄超、荆泉、米凯、魏一、魏超、龚兵见、梅辉参加了第 7 章的撰写；李京苑、荆泉、董丽云、马晓东、韩峰、孙岳、王飞、张瑞明参加了第 8 章的撰写；李京苑、荆泉、魏一、覃艺、何巍、王立炜、孙法国、崔景芝、杨明参加了第 9 章的撰写。杨双进、李京苑、孟炳中对全书进行了校对，最终由吴燕生统稿、定稿。

中国航天科技集团有限公司质量技术部、中国运载火箭技术研究院质量保证部组织了本书的策划与编写；中国运载火箭技术研究院、航天动力技术研究院、航天推进技术研究院、四川航天技术研究院、中国航天电子技术研究院、中国航天标准化与产品保证研究院为本书提供了大量资料；中国宇航出版社为本书的编辑、出版提供了许多帮助。在此一并表示衷心的感谢！

特别感谢国家国防科工局科技与质量司的大力支持，对做好航天工程飞行成功包络分析方法的实践总结、基础理论研究和应用推广，给予了具体支持、帮助和指导。

本书作为我国航天工程实践经验的总结探索，在编写过程中力求做到结构完整、概念准确、阐述清楚，但限于编写水平有限，本书内容难免有疏漏和不妥之处，恳请广大读者批评指正。

目　录

第1章 概 述

1.1 航天工程系统的质量管理要求

航天工程具有复杂度高、技术密集、风险性大、研制周期长等特点，实施航天工程时，所遇到的问题不仅仅来自于技术方面，还有组织管理方面，包括成千上万的研制人员、数量众多的协作单位之间的协调等，因此必须建立并不断完善一种新的组织管理机制，用新的思想、理论和技术方法进行研究、开发，建立一种组织管理系统的规划、研究、设计、制造、试验和使用的科学方法，这就是航天系统工程管理。系统工程是大型、复杂技术项目中系统开发过程的科学组织和管理方法，体现了以分解和综合集成系统思想为基础的方法论。首先，把一个复杂系统分解为分系统、部件，直到无需再细分的具体工作单元，成为大量研制任务参加单位和人员的具体工作，再经过部件、分系统到系统的逐级设计、集成与试验，最后得到整体性能优良的系统。总结国内外航天工程系统的工程管理经验，特别是近年来中国航天系统工程研究实践，航天系统工程方法呈现出以下"五个结合和五个转变"特征。

1）定性与定量相结合，由定性认识向定量认识转变。任何系统都有定性特性和定量特性，定性特性决定定量特性，定量特性表现定性特性，定性特性是定量特性描述的基础和指导，但只有定性描述，对系统特性的把握难以深入和准确，只有借助定量描述，才能对系统特性的认识更加深刻、更加准确。

2）宏观与微观相结合，实现由宏观认识向微观认识转变。宏观认识是微观认识的外在表现，微观认识是宏观认识的基础，微观决定宏观。需要通过宏观认识，充分放大细节，不断探求系统内在微观变化的本质。

3）创新与规范相结合，技术活动由创新向规范化方向转变。创新是发展的驱动力，是突破常规思维约束，寻求对问题的全新解决。而规范是创新的产品，规范形成的过程也是创新的过程，应不断固化创新成果，坚持在长期实践和探索研究中形成规范要求，实现技术活动井然有序和技术过程协调高效。

4）人与计算机相结合，技术作业由人工作业向自动化作业转变。人与计算机的结合，实际上是人脑与计算机能力的结合与融合，把人的创造性优势与计算机在逻辑思维方面的优势都充分发挥出来。随着技术作业信息化、智能化程度的不断提高，需要更多地发挥计算机自动化作业的能力，将人从程式化作业中解放出来，更多地发挥人的创造性，并将人为低层次错误降到最低。

5）不确定性与确定性相结合，对系统风险的把握由不确定性向确定性方向转变。确定性与不确定性不是两个完全对立的概念，而是一个连续统一体。从不确定性到确定性有一个逐步加深的过程，要通过风险识别与控制方法的改进提高，不断减少偏差和不确定性，形成对系统完全确定性的认识。

质量管理是在质量方面指挥和控制组织的协调活动，通常包括制定质量方针和质量目标以及质量策划、质量控制、质量保证和质量改进。航天质量管理伴随着航天事业的快速发展而不断深化和创新。为适应航天系统工程的新特点，质量管理也需要做好：

1）由定性向定量的转变。定性化的质量管理要求做好航天产品质量要求的识别，识别出的产品质量特性要全面，特别是影响任务成败的关键特性。定量化的质量管理要求识别出可量化的评判产品的质量指标，构建科学的基于数理统计的产品质量分析方法与评判标准，使产品质量评价建立在充分量化的基础上。

2）宏观与微观相结合，将宏观认识分解成微观认识，通过微观认识反映宏观认识。在型号研制过程中，落实质量管理的全员、全要素、全过程的全面质量观，将确保型号任务成功这一宏观目标分解到保证影响任务成功的各级产品关键特性的量化指标上，逐级评判产品的关键特性是否得到充分的保证，通过综合评判关键特性的数据，给出产品执行任务的质量水平与风险。

3）创新与规范相结合，技术活动由创新向规范化方向转变。实现质量管理技术方法创新与管理对象、质量管理过程规范化的有机结合，不断总结经验，不断完善理论和方法，进而指导实践。

4）人与计算机相结合，由基于经验的管理向基于知识的管理转变。规范质量可靠性数据包管理，落实质量特性的数字化，实现质量可靠性数据的积累、分析和利用，不断提取固化质量知识，实现效率的提高与质量水平的提高。

5）不确定性与确定性相结合，对质量风险的把握由不确定性向确定性方向转变。通过技术手段的有效运用，深度识别出风险源和风险产生的机理，降低对质量风险的认知不确定性；加强基于数理统计等科学原理的质量数据分析，分析质量不确定性对产品和任务的影响，改进产品质量，提高产品的健壮性，降低其随机不确定性。

1.2　产品飞行成功子样数据包络分析的概念

产品飞行成功子样数据包络分析定义为：将待分析产品数据与对应的产品飞行子样成功的数据包络范围进行比对，判定待分析产品数据是否落在包络范围内，得到待分析产品数据包络状况，评估产品是否满足执行任务能力的分析方法。按照分析对象的不同，产品飞行成功子样数据包络分析分为产品原材料、工艺、产品性能和环境包络分析等。

产品飞行成功子样数据包络分析不同于运筹学的数据包络分析方法（Data Envelope Analysis，DEA），是指利用产品已有的飞行成功子样数据建立的参数区间来评判当前产品执行任务能力的一种方法，用于指导型号对产品质量稳定性、一致性以及产品实际质量和可靠性进行对比分析和评判的质量分析工作,体现了面向结果和过程的质量控制思想。而运筹学中的数据包络分析方法是一种非参数估计方法,主要借鉴了计量经济学的边际效益理论和高等数学中的线性规划模型,通过界定是否位于"生产前沿面"上来比较各决策单元之间的相对效率和规模收益,显示最优值,该方法主要用来对具有多指标投入和多指标产出特点的相同类型单元的相对效率进行综合评价,不需要任何变量间的函数假设,适合性质相同的单元之间的评估比较。

航天产品飞行成功子样数据包络分析方法的提出符合航天系统工程和质量管理发展的新特征和新要求:

1)针对航天产品天地环境差异性、时变性和小子样的高风险特征,提出了一种有效利用数据控制风险和产品质量的方法,抓住了"关键特性"和"飞行成功子样数据"两个核心,改进了质量数据的管理方式,促进了质量管理由定性或半定量向定量转型、由精细到精准的转型;

2)通过分解产品成功要求形成从系统到单机的关键特性分解树,将宏观要求细分为微观质量活动,促进了产品再设计、再分析和再验证工作,促进了产品关键特性的全面辨识和系统辨识;

3)通过基于数理统计的分析方法对质量可靠性数据进行分析,量化关键特性波动程度及其对产品的影响,并据此识别存在的技术风险,为质量改进提供了依据。

为了更深入地理解产品成功数据包络分析方法的内涵,有必要明确产品成功数据包络分析工作中涉及的基本概念。

(1)产品数据

产品数据是指在产品研制过程中形成的、代表产品质量的特征量,是证明产品是否满足执行任务能力的依据。产品数据既包括产品结构、产品定义等基础数据,也包括产品原材料数据、产品工艺数据和产品性能数据等检验、试验数据。产品飞行成功子样数据包络分析中的产品可包括零件、部(组)件、单机、分系统、全弹(箭)各个层次。

广义的产品数据还包括产品所经历的任务剖面环境数据,通过环境数据的逐发次统计分析,一方面有利于全面控制风险,另一方面便于环境预示的不断修正。

(2)数据包络

在一定的认知水平下,样本以相应的置信水平位于整体样本构成的数据区间范围之内。产品成功数据包络是指由产品成功数据构成的数据区间范围。

(3)关键特性

关键特性是指如果不满足要求,将危及人身安全并导致产品不能完成主要任务的特性。关键特性又可分为关键性能特性、关键工艺特性和关键材料特性;也可分为关键设计特性、关键工艺特性和关键过程控制特性。关键设计特性是产品设计过程中对产品最终质量与可靠性有决定性影响的特性;关键工艺特性是指产品工艺设计过程中对产品最终质量与可靠性有决定性影响的特性;关键过程控制特性是产品在生产过程控制中对产品最终质量与可靠性有决定性影响的特性。特性又可分为静态特性和动态特性。

（4）静态特性

静态特性是具有单一目标值的计量质量特性，例如一些结构和机构特性。目标值是指希望尽可能达到，但在现实中却未必能达到的质量特性值。田口方法中将静态特性分为望目、望小、望大三种类型。

（5）动态特性

动态特性是指为了实现人变动着的每一个意志或每一个目标值，通过发出相应的信号或改变相应的条件而改变输入值，希望系统的输出特性随着输入值（信号或条件）的变化而相应地变化，且波动越小越好的质量特性。例如，控制系统中姿控系统和制导系统的输出参数随火箭控制参数的变化而变化，此时姿控系统和制导系统的输出参数为动态特性。

（6）航天型号产品数据包

航天型号产品数据包是指航天型号产品在设计、生产、试验和交付等研制生产环节中形成的有关质量与可靠性的各类文件、记录等信息的集合，是型号产品全寿命周期管理的重要内容。

狭义的数据包指形成产品质量与可靠性模型的关键数据集合。

（7）飞行成功子样数据包络范围

飞行成功子样数据包络范围是指采集经过飞行试验或地面试验验证成功的若干产品数据所构成的数据范围。数据范围所涉及的若干产品简称子样，单个数据称为样值，经过统计分析后得出数据的最大样值与最小样值作为包络范围的边界值。包络范围包括产品原材料数据包络范围、产品工艺数据包络范围和产品性能数据包络范围。按照子样数据的耦合性关系，数据包络范围又分为包络线、面、域。

（8）包络线

针对单一特性的数据包络范围，由单一特性的样本数据经过数据统计分析之后形成的包络边界。

（9）包络面

针对耦合的多个特性的数据包络范围，由耦合的多个特性的样本数据经过一定处理之后形成的包络范围。耦合特性经过一定数学方法去耦合之后可以变成独立的特性，此时包络面可以转变成包络线。

（10）两类包络风险

样本落在通过一定量样本推断总体形成的包络范围内外的风险，包括两类风险：把本在包络范围之内的样本误判为包络范围之外的误判风险和把本在包络范围之外的样本误判为包络范围之内的漏判风险。

1.3　产品飞行成功子样数据包络分析的发展及应用情况

1.3.1　产品飞行成功子样数据包络分析的提出与发展

航天事业不仅是高科技和高投入的事业，也是高风险的事业，具有科技含量高、系统复杂、投资规模大、研制周期长、风险损失大等特点。中国航天在 20 世纪 60 年代初，在钱学森的倡导下开始了中国航天系统工程方法实践。多年的艰苦创业，使得我们探索出了符合中国实际的航天型号管理之路，在规范设计、生产、试验、管理的基础上，总结归纳了一系列标准和管理要求，为航天型号的研制积淀了一些成功的经验，为型号质量管理方法的探索打下了良好的基础。

特别是近 20 年来，中国航天从单件、小批量研制，逐步向规模化发展，同时，也遇到了很多问题，虽然我们先后提出了质量问题双五条归零标准、型号研制六项基本原则、试验充分性分析、测试覆盖性分析、"四不到四到""两不到两到"、技术风险分析、数据一致性和差异性分析等方法，并且取得了良好的应用，但是并没有彻底满足高质量保证成功的要求，特别是如何实现航天型号迈上百次以上连续成功和如何将型号成功率提升到一个新的水平，这是我们面临的一个新命题。虽然我们的年发射数量持续增加，但总量还不大，例如至 2019 年 3 月，中国长征系列运载火箭的发射数量才达到 300 发，这与美国、俄罗斯还有较大的差距，总体上看，还是小子样。航天型号研制始终面临元器件、原材料、工艺等基础差的问题；单机产品质量水平低的问题；总体设计可靠性水平低，单点失效模式多等设计问题；管理上协作面广的问题；特别是环境恶劣和时变性，使我们的研制工作始终面临高风险。利用先验的飞行成功子样数据，及时辨识风险，改进产品质量，对于保证型号飞行试验成功十分重要。

2009 年 5 月 24 日，在某型号风险辨识及控制情况汇报会上，中国运载火箭技术研究院提出：把对产品性能及材料工艺离散是否包络在试验考核范围内的复查，作为质量检查确认的重点。

为把此项质量复查工作做深、做细、做实、做得有意义，型号研制队伍具体提出了产品性能和工艺参数离散性分析的复查方法，提炼出"产品性能及材料工艺离散是否包络在试验考核范围内复查的实施办法"，作为风险分析的思路开展此项工作，对飞行试验产品性能指标相对以往试验考核的指标进行分析。通过对产品参数离散性复查，查找出超出以往成功参数包络范围的数据，作为风险点进行分析判断，提出有效的防范措施或给出不会给飞行试验带来风险的明确结论，以此作为可以参加飞行试验的条件之一。随着型号的成功，性能和参数离散的成功包络分析方法得到了中华人民共和国国家国防科技工业局（简称国防科工局）、原总装备部和中国航天科技集团公司领导的高度评价，集团领导评价如下：将风险分析从产品单位延伸到了原材料和元器件单位；从测试验收环节延伸到了产品生产工艺过程；从设计、工艺偏差的大圆延伸到成功包络的小圆；从产品质量本身复查延伸到设计裕度复查；从可测产品延伸到不可测产品。

产品飞行成功子样数据包络分析是指将待分析产品数据与对应的经过飞行试验或地面试验验证成功的若干产品数据所构成的数据范围（即包络）进行比对，判定待分析产品数据是否落在包络范围内，得到待分析产品数据包络状况，评估产品是否具备执行任务能力的分析方法。从质量控制的角度来看，航天产品成功数据包络分析是基于先验信息，采用统计分析方法对关键性能、材料和工艺等参数离散性进行分析的一种工程方法。作为一项从中国航天工程实践中总结出来的识别、控制、分析产品质量技术风险的方法，产品飞行成功子样数据包络分析体现了中国航天质量管理从定性到定量，从精细到精益、精准的发展趋势，蕴含着高质量保证成功、高效率开展型号研制、高效益开展航天和国防建设的基本思想。

1.3.2　国外相关技术方法的研究与应用情况

（1）波动风险管理

国外与产品飞行成功子样数据包络分析非常接近的一个方法是关键特性波动控制。关键特性的波动是造成质量差异、引起质量问题的根本因素，从一定程度上来讲，质量控制就是控制波动，波动控制技术从 20 世纪 20 年代随着统计质量控制理论的诞生就出现了，但直到 20 世纪 80 年代波动控制才真正成为一种集成了多种质量工程技术的方法体系，并系统性地应用到大型复杂装备研制中。经过 30 多年，国内外在医疗设备、汽车和武器装备研制过程中的成功应用，证实波动控制不仅可以减少波动发生的数量和发生的可能性，预防波动发生，还可以降低波动对产品质量的影响，保证产品质量，同时通过对波动源的系统性识别，还能优化研制过程中的质量控制环节，关注重点环节，减少不必要的环节，降低质量控制成本，降低因质量控制对产品进度的影响和对资源的要求，优化质量资源配置。

20 世纪 80 年代以来，随着武器装备在现代战争中的重要性的进一步提升，如何在研制过程的各个阶段控制和减少波动，从而最大限度地提高武器装备的实物质量与可靠性水平，减少缺陷和使用故障，一直都是学术界、工业界、装备采购方和使用方共同关注的战略性问题，由此引发了有关波动控制技术的大量应用研究。麻省理工学院，美国国防部，美国空军、陆军，洛克希德·马丁公司、波音公司、诺斯罗普·格鲁门公司、雷神公司等都针对波动控制技术方法进行了大量研究与实践。

麻省理工学院以及其他学术机构的研究人员在波音公司、通用汽车公司等以及美国政府的资助下对波动控制理论方法进行了系统性研究，可以借鉴的成果主要有：在波音 787 垂直襟翼上验证过的装配波动预测框架，通过该预测框架，在开发阶段就可以预测波动影响关系；在水平稳定舵装配过程中验证过的通过基准流链自顶向下表达设计过程基本结构，通过基准流链建立几何和位置关键特性的逻辑流转关系，从而建立关键特性波动链分析模型；在发动机阀门上验证过的集成了过程能力指数和健壮性设计方法，通过历史过程能力指数数据分析制造波动对产品质量影响的灵敏度，通过健壮性设计方法优化设计参数，预防和降低波动对质量的影响；在飞机机翼研制过程中验证过的通过关键特性波动流链和质量仿真技术分析优化检验计划的方法，优化检验环节，提高质量保证效率；基于物料清单（Bill of Material，BOM）和工艺流程图实施关键特性信息管理，将关键特性波动控制融入到研制过程中等。需要强调的是，麻省理工学院的学者安娜·C·索顿（Anna C. Thorton）在 2004 年编写了《波动风险管理——关注产品开发和生产中的质量改进》（Variation Risk Management－Focusing Quality Improvement in Product

Development and Production）一书，该书对波动控制技术进行了较为全面的论述，给出了波动控制的系统性、面向过程和数据驱动的基本原则，要求能有效地表达技术指标/客户要求在单个零件和制造过程中的传递关系，以快速定位潜在的薄弱环节，找出正确的解决方案，采用波动识别、评价和降低这一过程方法来确保工作落实到重点环节，在波动控制时应坚持定量的分析方法，有效利用历史数据。该书还针对波动识别、控制和降低过程提供了具体的方法指导，同时还总结了在波音公司、通用医疗公司等实施波动控制技术的经验，对如何在产品研制过程中实施波动控制提供指导，包括波动控制技术与产品研制过程的结合、实施工作团队的构建、实施程序等几个方面。

20 世纪 80 年代中期，美国空军改变了传统依靠"缩小公差""增加检验"等手段来改进航空武器装备质量的方式，先后发布了《R&M（可靠性维修性）2000 计划》《2000 波动降低大纲》和《通过 2000 波动降低大纲改善战斗力》等文件，明确提出了"可靠性增倍，维修性减半"的战略发展目标。R&M2000 系列文件明确提出，航空武器装备承包商必须将稳健性设计、过程能力分析技术等作为减少过程波动、提高产品质量与可靠性的有效手段，切实加以采用，以便系统性地减少航空武器装备的产品与过程波动，以期实现"提高航空武器装备作战能力、改善生存性、减少空军部队部署的运输量、降低维修保障人力需求和使用保障费用"等 5 项装备发展的战略目标。为此，美国空军在《2000 波动降低大纲》中明确提出了武器装备实施波动降低的 4 项关键任务：减少围绕目标值的波动以提高可靠性、降低成本；使设计与生产的性能趋向目标值，而不是趋向公差界限值；改善生产和维修工艺，生产质量稳定、缺陷少的产品；可靠的产品必须且应当满足顾客要求，无波动地完成设计功能。

为激励承制方建立有效的质量管理体系，不断减少波动，美国国防部于 1996 年 4 月，批准发布了美军标 MIL – STD – 1916《产品验收方法》，同时宣布废除以可接收质量限（Acceptance Quality Level，AQL）为指标的 MIL – STD – 105E、MIL – STD – 414、MIL – STD – 1235C，提出把发现产品缺陷或不合格品作为改进质量管理体系的机会。以往采用以 AQL 为指标的抽样标准，容许存在一定数量的不合格品，把固定的缺陷水平作为满足用户的目标。而 MIL – STD – 1916 明确规定了国防部的产品抽样以"0 收 1 退"作为判定标准，强调美国国防部不购买风险，不允许缺陷和不合格品的存在，美国国防部的承制方必须提供无缺陷的、合格的产品，并针对工序和产品质量波动的实际情况采取不同的控制办法，必须提供工序和过程受控的证据，并规定过程能力指数 C_p 或 C_{pk} 的最小值要求：关键特性不小于 2.0，重要特性不小于 1.33，非重要特性不小于 1.0。MIL – STD – 1916 的提出，意味着美国国防部系统正在通过标准化手段，强制要求供应商将波动控制在可接受的高水平。

美国海军的航空速度计划（Air – Speed）共有 3 项内容：基地航空速度计划（1999 年开始）、企业航空速度计划（2003 年开始）、海军航空兵航空速度计划（2004 年开始）。这 3 项计划都是利用工业界经过考验的工具，包括精益制造、六西格玛管理和条件约束理论（Theory of Contraint，TOC）等，帮助建立自我保持的持续改进观念，以改进过程，提高生产率。其中，美国海军的企业航空速度计划的实施范围涉及整个舰队的修理和工艺过程，以及波音公司、洛克希德·马丁公司、通用电气公司和雷神公司等。

　　随着航空航天武器装备日趋复杂化以及供应链的全球化，如何有效地控制航空航天产品制造过程的质量波动逐步引起了整个航空航天工业的普遍关注。2001 年 10 月，国际航空航天质量组织（IAQG）发布了 AS 9103《关键特性的波动管理》标准，明确规定了关键特性的波动管理要求，要求对制造过程进行全面评定，以便对关键特性的波动进行充分策划和有效管理，推动对制造过程的系统改进，其过程见表 1 – 1。

表 1 – 1　AS 9103《关键特性的波动管理》提供的波动削减模式

步骤		解释
第一步	了解关键特性及所要求的业绩表现	关键特性是产品或过程的一些特定参数,对这些参数的控制和减少其波动对满足顾客要求是非常关键的。应当通过一个跨职能小组,围绕产品、过程和顾客要求,考虑适宜的制造方法,对这些过程特性进行评审
第二步	策划一个能产生可接受业绩的制造过程	通过考虑关键特性,过程必须设计成能够满足当前需要和未来期望。如果没有这种远见,那么过程设计中固有的波动水平可能成为满足顾客期望和过程成本有效运作的限制因素
第三步	运行过程以生成数据	运行这些过程,确保策划的数据收集方法能提供过程参数,并得到与关键特性有关的产品波动。如果此阶段不认真考虑过程波动,后面的数据分析可能会丢失有关"真实的"过程业绩表现的重要信息
第四步	分析数据以确定相应的措施	对数据的准确解读应提供过程业绩表现以及产品波动的证据。基于客观信息的决策有助于避免来自制造者方面的,更重要的是来自顾客方的"惊诧"疑义
第五步	通过研究采取措施（运行、再设计和改进）	除非采用受控且合适的方式,否则所产生的信息对于改进过程的表现业绩和产品质量作用会极小。这里也需要认真考虑识别孤立事件并避免对过程的干预,以防止更多的不确定因素混入其中
第六步	持续监控过程的业绩表现	监控那些对满足顾客期望至关重要的过程或产品关键特性,有助于识别改进机会。在不可预知的异常波动对顾客造成损害之前,掌握持续改进业绩表现对于了解何时产生这些波动非常重要
第七步	是否要求对过程进行更改　否　是	无论因为什么理由(正常的过程能力下降、顾客要求的变化或提高)考虑对过程进行更改,任何决定都必须应用数据来证明和支持,以确保一个有效的措施计划的执行

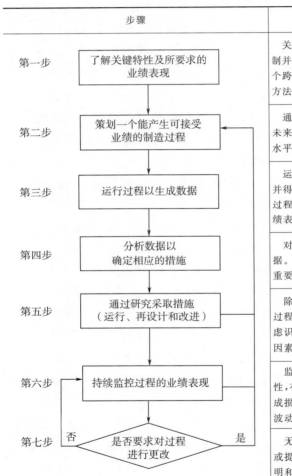

　　波音公司针对关键特性波动控制提出了硬件波动控制（Hardware Variability Control，HVC）和先进质量管理体系（Advanced Quality System，AQS），D1 – 9000 – 1《先进质量体系工具标准》提供了支持 AQS 的工具与方法，并强调 HVC 和 AQS 在控制关键特性波动中的综合应用，HVC 是一种用来管理由于零件制造的偏差而引起的更改、出错和返工的方法，通过尽量减少零部件间的段面划分和综合考虑控制零部件关键特性的选择方法

来实现，并利用两个有力的质量杠杆——关键特性和统计过程控制（Statistical Process Control，SPC）来完成。HVC 在产品协同设计组（Integrated Product Team，IPT）拟订制造界面管理计划（Manufacturing Interface Management Plan，MIMP），首先确定飞机的段面控制图，把整架飞机按级分解成安装件和装配件，再分解成零组件，并按照飞机的实际建造过程来标识装配界面和零部件的关键特性，该方法主要是为满足制造波动控制（Manufacturing Variability Control，MVC）的需要而产生的，它利用了 80/20 原理，即 80% 的装配界面问题是由于 20% 的零件问题而引起的，因此，产品协同设计组负责标识关键特性（Key Characteristics，KC），利用它来控制硬件的波动（偏差），将这些数据记录在产品设计图样上，并针对这些要求与供应商们进行协调，供应商们则利用统计过程控制方法，来为产品协同设计组提供反馈信息，并验证它的一致性。

先进质量管理体系 D1-9000 是波音国防及空间集团优先选用的质量体系，是波音公司几十年质量管理经验的总结，反映了波音公司在过去几十年内为推进连续质量改进工作所做的坚持不懈的努力和作为全球性的工业企业所具有的战略眼光。AQS 以持续质量改进的管理哲学和理论为基础，以统计技术为核心，在 ISO 9000 系列标准要求基础上，通过系统地减少关键特性的波动来改进质量过程，这些关键特性可能反映了零件和装配件或制造过程参数（关键过程参数）的硬件特性，图 1-1 给出了波音公司 AQS 的基本要素，供应商必须有能力确定和测量关键特性的波动，并表明关键特性的统计控制状态和能力。此外在关键特性不受控或能力不足时，必须采取纠正措施，包括系统地确定关键波动源，并对其实施控制。

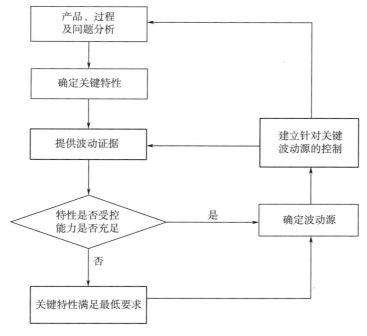

图 1-1 AQS 的基本要素

　　洛克希德·马丁公司、雷神公司、空中客车公司和波音公司等在研制过程数字化的基础上，将基于关键特性的波动控制融入到产品研制过程中，如图1-2所示，采用一系列质量工程技术方法（例如故障模式与影响分析、统计过程控制、三次设计、质量功能展开等）系统地实现了关键特性识别、分析与控制。

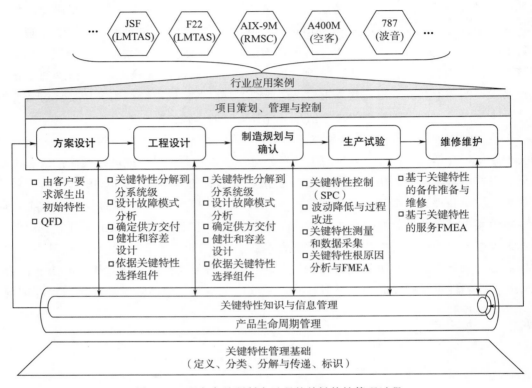

图1-2　面向产品研制全过程的关键特性管理过程

　　洛克希德·马丁公司在F-35战机和F-22战机上都应用了波动控制技术，在实施F-22战机波动降低时，制定了波动降低大纲，并专门组建了"F-22战机波动降低小组"。通过各种波动降低技术工具的集成应用，为F-22战机识别了2 561个产品关键特性，通过对678个过程和零件族特点的分析，相应地开发了126个波动降低指南。F-22战机波动降低大纲和系列波动降低指南的实施，显著地控制和减少了F-22战机关键特性制造过程波动的影响，修正了适合制造过程的关键特性要求，降低了成本，缩短了产品交付时间，降低了返修、返工率。实施波动降低大纲之后，制造过程能力指数提高到了1.2，合格率达到99.9%。F-22战机波动削减的步骤和程序如图1-3所示。

　　诺斯罗普·格鲁门公司对其F-1/A-18产品实施了过程波动降低系统，控制和改进制造过程中的波动。波动降低系统由统计过程控制（SPC）系统、制造过程绩效系统、制造过程数据库等子系统组成，由SPC系统密切跟踪制造过程波动，发现问题。制造过程绩效系统采集包括车间在内的SPC数据并对其进行分析，实现从100%检验到抽样检验，减少了70%的检验时间。制造过程数据库是一个包括所有过程代码、过程公差、装配过程

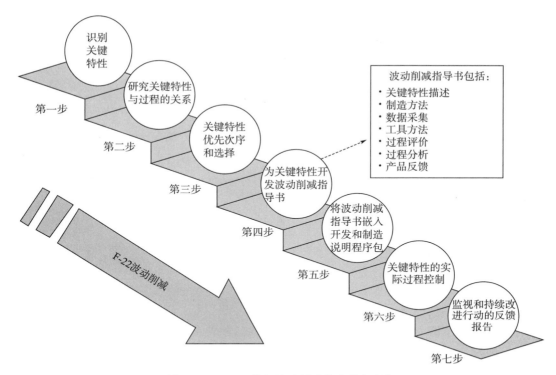

图 1-3　F-22 战机波动削减的步骤和程序

作业指导书和过程绩效数据的在线发布器。通过过程波动降低系统，跟踪控制制造过程，降低制造过程波动，确保目标实现。

美国国家航空航天局（National Aeronautics and Space Administration，NASA）马歇尔航天飞行中心（Marshall Space Flight Center，MSFC）吸取哥伦比亚号航天飞机事故的经验教训，针对航天飞机外部贮箱热防护系统可靠性问题，研究了过程波动控制在改进航天器安全性中的作用，研究并提出了质量可靠性与系统风险控制之间的关系。就外部贮箱的热防护系统而言，实施过程控制降低了热防护系统绝缘体的不合格品率和缺陷数，或者说是提高了材料的能力，而低的不合格品率和更少的缺陷意味着飞行中产生的碎片数更少，更高的热防护材料能力意味着更高的热防护系统的可靠性和更低的风险。图 1-4 给出了质量、可靠性和风险之间的关系。

从国外质量波动控制技术的研究和应用来看，波动控制作为一种识别波动源、控制和降低波动的技术方法，尽管研究和应用的时间不长，但却是一种具有明确质量控制对象并集成了成熟质量工程技术，实现质量、进度和成本综合优化的方法，国外大量的研究和成功应用表明，该方法能有效地保证产品质量，提高质量管理的效率，降低系统技术风险，对我国导弹武器系统和运载火箭生产质量控制具有很好的借鉴作用和重要意义。

（2）小子样统计过程控制

统计过程控制是关键特性波动控制的关键技术方法，该方法也得到工业界的广泛应用，从应用行业和效果来看，常规的统计过程控制更适合有一定批量的行业，而航天研制

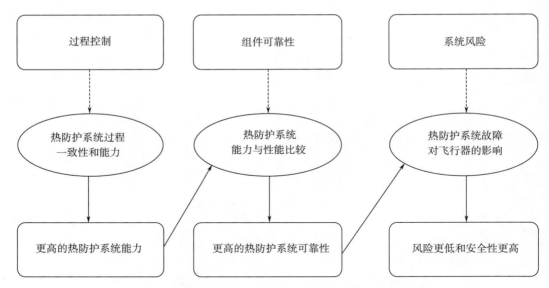

图 1-4　贮箱热防护系统质量、可靠性和风险之间的关系

过程属于典型的单件小批量生产模式,航天产品飞行成功子样数据包络分析可借鉴小子样统计过程控制方法。

目前,无论是工业界还是学术界,对于小子样生产过程的界定,尚未形成一个统一的规定,原因是除了绝对数量,产品类型也会影响小批量的定义。不同的产品类型,其小批量生产的含义也不同。比如,对于一个汽车生产企业来说,一批生产 200 辆同一型号的汽车会被认为是小子样生产,而对于一个航天制造企业来说,一批生产 10 发同一型号的导弹已经可以算是中等批量生产。

从质量控制和统计学角度,使用传统的休哈特控制图对生产过程进行质量控制时,至少需要 25 组 100～125 个检测数据才能建立起合理的控制界限,考虑到一定的抽样间隔,对批量的要求至少要 300 以上。那么,当生产产品的数量不多,不能用传统的休哈特控制图方法建立起合理的控制界限时,应界定为小子样生产。另外,小子样生产下限应至少为 2,因为当一批产品只有 1 件时,统计过程控制也就失去了意义,而只要 2 个数据就可以计算均值和标准差。因此,可以做出如下界定:从产品质量控制的角度,产品批量大于 2 小于 300 的生产,就应基本界定为小子样生产过程。

目前小子样统计过程控制方面的研究与应用,采用了扩充样本利用传统统计过程控制方法和利用历史先验数据进行小子样分析的统计方法,此外还将统计学习理论引入到小子样多维统计过程控制中。

①利用人工神经网络等工具的学习方法

人工神经网络技术是一种重要的智能控制工具,它可以有效地应用在过程质量控制上。很多情况下,过程质量具有复杂的时变性、非线性或者是不确定性,对它们不能精确地建模。因此,应用经典的控制理论和现代控制理论技术很难实现有效的控制,而人工神经网络具有表示非线性映射关系的能力,可以对不确定的系统自适应和学习。

②基于贝叶斯预测的统计过程控制图

基于贝叶斯预测的统计过程控制图将有关生产过程的历史检验数据与人们对过程的主观评价、预测和判断相结合，通过综合主、客观信息来建立过程的动态模型，对过程变化做出预测，从而在保证预测精度的同时，大大减少了对样本数量的要求。因此，它特别适用于小样本的质量控制。事实上，移动指数加权平均控制图（EWMA）、累积和控制图（CUSUM）等方法都可看成是贝叶斯预测的特例。

20 世纪 70 年代，由哈里森·P·J（Harrison P. J.）等人提出的贝叶斯预测理论为完善这一方法提供了一条新思路。它首先借助于已有的知识建立过程的动态模型，然后针对模型中包含的未知参数、初始信息，再根据已测得的过程历史数据、先验分布的信息等，计算后验分布，并结合专家经验对过程做出决策。

贝叶斯预测理论认为质量水平的后验估计是质量水平的先验估计和观测值的加权平均，这和近年来在质量领域颇受关注的移动指数加权平均控制图是一致的，所不同的是贝叶斯预测理论中质量水平的先验估计和观测值的加权平均的权因子随时间变化，而移动指数加权平均的权因子不随时间变化，当人们对过程的主观评价易于确定时，基于贝叶斯预测的统计过程质量控制方法可以大大减少对样本数据的要求。但是恰恰是人们对过程的主观评价难以预测正确，影响了其在实际中的有效应用。

③基于成组技术的小批量质量控制方法

在大批量生产环境下的质量控制中取得巨大成功的 SPC 方法，之所以无法直接应用于小批量生产过程的质量控制中，其根源在于小批量环境下无法得到足够的统计样本数据，导致参数估计不准确。近年来，许多学者尝试从成组技术的基本原理出发，将多品种小批量生产环境下的相似过程进行成组，通过细化零件的分类，把具有相似质量特性的工件组成一组，构建过程族，以从过程族中获取足够的统计样本数据，进而利用现有的质量控制方法来控制小批量生产过程的质量。波音公司 D1 - 9000 - 1《先进质量体系工具标准》也提出了基于成组技术的统计过程控制方法。

涉及具体应用，许多学者对理论方法进行了必要的完善。目前，国内外对多品种小批量的制造环境下利用统计方法控制质量做了很多研究，基本上处于探索阶段，没有哪一种方法能够像传统的 SPC 那样得到广泛应用，但一些研究的思想和方法对后续的研究具有一定的参考价值。

然而，以上的一些思想和方法只在特定的制造环境中获得成功，由于在小批量制造环境下，加工对象规格与品种繁多，影响加工质量的因素也很多，而且关系复杂，每种方法都有其局限性，从目前的应用现状来看，没有哪一种方法能够解决所有的小批量生产质量控制问题。

（3）国外小子样包络线的构建方法

NASA 在其第三层次文件 NASA - HDBK - 7005《动力学环境准则》中给出了一系列计算最大期望环境（Maximum Expected Environment，MEE）的方法，包括包络线方法、正态公差线法、无分布假设的公差线法、经验公差线法、正态预测线法。具体的方法如下：

假设 x 为关键区域典型测量点的测量值，x_i 为第 i（$i=1$，2，…，n）个点的测量值，x_{ij} 为第 j（$j=1$，2，…，m）个频率下第 i 点的测量值。x_{hj} 为 h 个测量中第 j 种频率下的最大值。

①包络线（Envelope Limit）

选取 x_{hj} 作为频率 j 的包络点，将每个频率的包络点连接成线构成动态环境的包络线。也可对这种包络线进行平整，形成平整的包络线（使用一系列直线组成的包络线），如图 1-5 所示。

优点：简单易用。

缺点：这种包络线并没有进行不确定性量化评价。因此，不能给出超出包络的概率。这种方法一般适合 $n<14$ 的情况。由包络点连接形成的直线的形状受采集频率间隔的影响。

采用直线对包络线进行平整时，用来平整的直线条数的选择具有主观性，通常可以采用系统的方法来确定哪些峰值需要涵盖在内，哪些需要跳过。

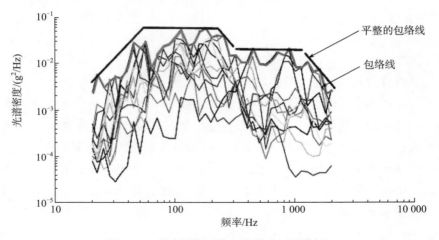

图 1-5　最大预期环境包络线法（见彩插）

②正态公差线（Normal Tolerance Limit）

正态公差线只适用于正态分布随机变量，实际工作中，静态、动态和瞬时动态载荷的结构响应的空间波动一般不符合正态分布，但有大量的证据表明，这些值的对数服从正态分布，因此，在计算包络线之前需要进行对数转换，分别求 x_{ij} 的对数。

$$y = \lg x \tag{1-1}$$

对 y 计算正态公差线，例如，求 y 的上正态公差线，记为 $\mathrm{NTL}_y(n，\beta，\gamma)$，定义为在置信度为 γ 下至少超过所有 y 样本值 β 的数值

$$\mathrm{NTL}_y(n,\beta,\gamma) = \bar{y} + k_{n,\beta,\gamma}s_y \tag{1-2}$$

$$\bar{y} = \frac{1}{n}\sum_{i=1}^{n}y_i \tag{1-3}$$

$$s_y = \sqrt{\frac{1}{n-1}\sum_{i=1}^{n}(y_i - \bar{y})^2} \tag{1-4}$$

式中　$\bar{y}$ —— y 的样本均值；

　　　s_y —— y 的样本标准差。

这样 x 的正态公差线可以转换求得

$$NTL_x(n,\beta,\gamma) = 10^{NTL_y(n,\beta,\gamma)} \tag{1-5}$$

这里的 $k_{n,\beta,\gamma}$ 称为正态公差系数，通过查统计表得出，见表 1-2。

表 1-2　置信系数和概率选择表

n	$\gamma=0.50$			$\gamma=0.75$			$\gamma=0.90$		
	$\beta=0.90$	$\beta=0.95$	$\beta=0.99$	$\beta=0.90$	$\beta=0.95$	$\beta=0.99$	$\beta=0.90$	$\beta=0.95$	$\beta=0.99$
3	1.50	1.94	2.76	2.50	3.15	4.40	4.26	5.31	7.34
4	1.42	1.83	2.60	2.13	2.68	3.73	3.19	3.96	5.44
5	1.38	1.78	2.53	1.96	2.46	3.42	2.74	3.40	4.67
6	1.36	1.75	2.48	1.86	2.34	3.24	2.49	3.09	4.24
7	1.35	1.73	2.46	1.79	2.25	3.13	2.33	2.89	3.97
8	1.34	1.72	2.44	1.74	2.19	3.04	2.22	2.76	3.78
9	1.33	1.71	2.42	1.70	2.14	2.98	2.13	2.65	3.64
10	1.32	1.70	2.41	1.67	2.10	2.93	2.06	2.57	3.53
12	1.32	1.69	2.40	1.62	2.05	2.85	1.97	2.45	3.37
14	1.31	1.68	2.39	1.59	2.01	2.80	1.90	2.36	3.26
16	1.31	1.68	2.38	1.57	1.98	2.76	1.84	2.30	3.17
18	1.30	1.67	2.37	1.54	1.95	2.72	1.80	2.25	3.11
20	1.30	1.67	2.37	1.53	1.93	2.70	1.76	2.21	3.05
25	1.30	1.67	2.36	1.50	1.90	2.65	1.70	2.13	2.95
30	1.29	1.66	2.35	1.48	1.87	2.61	1.66	2.08	2.88
35	1.29	1.66	2.35	1.46	1.85	2.59	1.62	2.04	2.83
40	1.29	1.66	2.35	1.44	1.83	2.57	1.60	2.01	2.79
50	1.29	1.65	2.34	1.43	1.81	2.54	1.56	1.96	2.74
∞	1.28	1.64	2.33	1.28	1.64	2.33	1.28	1.64	2.33

注意表中 $n=\infty$ 时

$$NTL_y(n,\beta,\gamma) = \mu_y + z_a\sigma_y \tag{1-6}$$

$$\alpha = 1-\beta \tag{1-7}$$

μ_y 和 σ_y 为 y 的均值和标准差，z_a 为标准正态分布的 $\alpha=1-\beta$ 分位数。当 $n=\infty$ 时，$NTL_y(n,\beta,\gamma)$ 的置信度为 100%，独立于 α 值。只有当 $n>50$ 时，才可以用 $\bar{y}$ 和 s_y 替

换式（1-6）中的 μ_y 和 σ_y 值。

因此图 1-5 中数据在 $\beta=0.95$，$\gamma=0.50$ 时的正态公差线如图 1-6 所示，该线通常称为置信度为 50％ 下的 95％ 的正态公差线，简称为 95/50 线，可解释为 50％ 的置信度下点在该线下的概率为 95％。注意图 1-6 中的 95/50 公差线与包络线很相似，但受 β，γ 值的影响，可能会比包络线高，也可能会比包络线低。

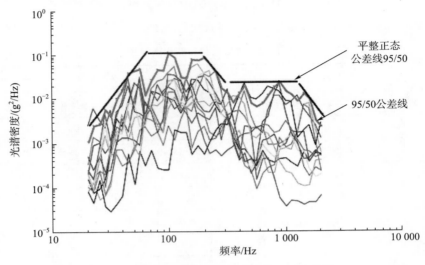

图 1-6　最大预期环境正态公差线法（见彩插）

优点：正态公差线有严格的统计概念，给出了一定置信度和一定概率下的极限值。给定样本量 n，β 和 γ 就能计算出正态公差线，受采样频率间隔的影响较小。

缺点：要求样本服从正态分布或对数正态分布。

正态公差线受 n，β 和 γ 的影响，图 1-7 给出了 $\gamma=0.50$，0.90，0.95，$\beta=0.95$ 时的正态公差线，从图中可知，$\gamma=0.95$ 的线接近 $\gamma=0.50$ 的 6 倍，为了保证一致性，MIL-STD-1540 和 NASA-STD-7001 中建议航天器振动试验的标准为 $\beta=0.95$，$\gamma=0.50$。

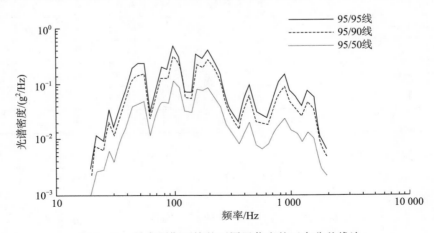

图 1-7　最大预期环境的不同置信度的正态公差线法

③无分布假设的公差线（Distribution - Free Tolerance Limit）

无分布假设的公差线不用对样本值的分布进行正态分布或对数正态分布假设。通过置信度和分布概率以及样本极值的计算求出无分布假设的公差线

$$\mathrm{DFL}_x(n,\beta,\gamma)=x_{hj}\ ,\ \gamma=1-\beta^n \tag{1-8}$$

无分布假设的公差线的解释和正态公差线一样。

优点：不用进行正态分布假设检验。

缺点：不能独立地选择 β 和 γ，常用的方法是先选定一个合适的 β，然后通过公式计算得出 γ。目前还没有如何选定一个合适的 β 的做法，只能通过经验来选定。

④经验公差线（Empirical Tolerance Limit）

首先确定 n 个样本值的经验分布函数，然后计算分布的百分位数 x_β（超过 β 可用数值的值），作为公差线，为经验公差线。理论上，该方法可以独立于样本值，但实际中，很少有足够的样本来得出经验公差线，例如，$\beta=0.95$，至少需要 20 个数才能确定经验公差线，通常的做法是计算每个频率下样本的均值得出总的均值，然后整合所有频率下的样本值，再来求经验公差线。数据整合的方法假设样本的分布相同，而且 $x_\beta/\bar{x}$ 对所有的频率来说，都是常量。

假设有 m 种频率，每种频率下有 n_j 个数据，经验公差线计算如下：

1）计算每种频率下的样本均值

$$\bar{x}_j=\frac{1}{n_j}\sum_{i=1}^{n_j}x_{ij} \tag{1-9}$$

2）将每种频率下的样本值进行标准化处理

$$u_{ij}=\frac{x_{ij}}{\bar{x}_j} \tag{1-10}$$

3）整合所有标准化后的数据，按照大小进行排序，记为 u_k

u_k 的最小值记为 $(k)=1$；

u_k 的第二小值记为 $(k)=2$；

……

u_k 的最大值记为 $(k)=nm$；

4）选择涵盖所有整合数之后的 β 的值

$$u_\beta=u_{(k)}\ ,\ (k)=nm\beta \tag{1-11}$$

5）通过计算每种频率下的均值乘以 u_β，求得经验公差线记为

$$\mathrm{ETL}_x(\beta)=x_{\beta j}=u_\beta\bar{x}_j \tag{1-12}$$

图 1-8 给出了表 1-2 的所有数据的标准化值，95％的经验公差线如图 1-9 所示。95％的经验值为 $u_\beta=3.37$，当然 u_β 的值是通过对 492 个样本值进行统计估计得出的值，可能比所有值的真正的 u_β 要大或小。估计值 u_β 的统计波动受二项概率函数控制，因此，上边界 $U_\beta=Cu_\beta$，$C>1$ 这样计算得出的公差线会以更高的置信度超出 β 的所有点的值。实际中可以直接用 u_β，这样得出的公差线的置信度为 $\gamma=50\%$。

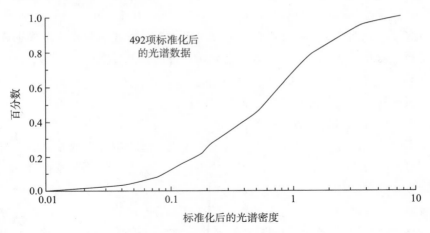

图 1-8　标准化后的光谱密度数据

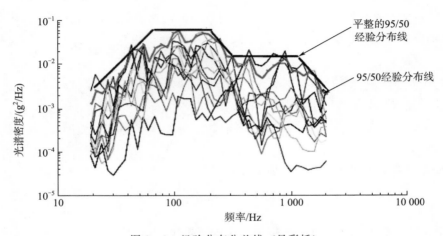

图 1-9　经验分布公差线（见彩插）

优点：不用进行分布假设检验。

缺点：如果整合所有的数据，需假设数据的分布相同。只有样本量一定大（$n > 10$）的时候才有效。只是提供了置信度为 50％的公差线。

⑤正态预测线

正态预测线适用于正态分布或对数正态分布，上正态预测线 $\mathrm{NPL}_y(n, \gamma)$ 为置信度 γ 超过 y 样本值的数

$$\mathrm{NPL}_y(n, \gamma) = \bar{y} + \sqrt{1 + \frac{1}{n}} s_y t_{n-1, \alpha}$$

$$\alpha = 1 - \gamma$$

式中　$\bar{y}$ —— y 的样本均值；

　　　s_y —— y 的样本标准差；

　　　$t_{n-1, \alpha}$ ——自由度为 $n-1$ 的 t 分布的 α 分位数。

这样原始数据的正态预测线为

$$\mathrm{NPL}_x\,(n\,,\gamma) = 10^{\mathrm{NPL}_y\,(n\,,\gamma)}$$

1.3.3　我国航天的研究与应用情况

（1）产品飞行成功子样数据包络分析方法的提出

2009 年，某型号飞行失利后，在只能成功、不能失败的严峻形势下，如何确保后续型号飞行试验成功成为扭转被动局面的关键，针对当时面临的飞行子样少，一些产品的质量散差大，一些基础产品质量如元器件、材料经常出现质量问题、工艺不完全量化的情况，中国航天科技集团公司领导提出了逐级分解质量特性并开展全面的检查、把各种关键特性数据包络在以往飞行成功的子样数据范围内的要求。中国运载火箭技术研究院进行了策划，并出台了文件，明确从总体、分系统、单机到元器件、材料，开展关键特性、工艺特性和材料特性的包络分析的具体要求。

（2）产品飞行成功子样数据包络分析方法的初步应用

首先，某型号分析了批产阶段三类风险：技术状态变化带来的风险、批次间材料与工艺性能的差异风险、在产品定型后设计潜在的薄弱环节风险，为了进一步辨识和控制风险，按照产品飞行成功子样数据包络分析方法，将风险分析从产品单位延伸到原材料和元器件单位；从测试验收环节延伸到产品生产工艺过程；从设计、工艺偏差的大圆延伸到成功包络的小圆；从产品质量本身复查延伸到设计裕度复查；从可测产品延伸到不可测产品。

通过对数据包络分析方法的研究与探索，型号队伍共对关键产品的性能参数 1 374 项以及不可测产品的重要材料、工艺参数 615 项进行了逐一的比对分析。可测产品性能参数中超出包络的有 35 项，不可测产品工艺参数超出包络的有 13 项，对超出包络的参数进一步开展了专题分析工作，从设计裕度、地面试验验证、工艺保证、人员保证等方面进行了审查，对不放心的环节采取了措施。经过这些工作，研制人员对飞行试验产品的关键性能参数、工艺参数等有了全面的掌握，通过对超出包络的参数分析进一步控制了风险，认为对型号飞行试验起到了重要作用。为此，型号队伍将这种有效的分析方法继续延用下去，对后续每发飞行试验产品都要进行参数离散分析，随着飞行子样的增加，飞行试验考核的包络范围就会越来越合理，偏差状态的考核越来越充分，只要落在飞行试验考核的包络范围内，就认为是可靠的。

在某型号的实践取得效果后，运载火箭型号针对火箭的两个薄弱环节开展了工作：一是火箭的增压输送系统；二是火箭的三级低温发动机。就火箭增压输送系统而言，由各种管路、阀门、气瓶等结构组成，在进入总装前都是各种元件，整个系统没有系统级的地面验证试验，就直接参加飞行试验，因而，存在较大的风险，需要严格控制单机产品的状态；三级氢氧发动机由于工况比较恶劣，产品散差如果控制不好，将会影响到发动机能否可靠工作。

型号针对当时即将飞行试验的某型火箭开展了分析工作。首先，在工艺方面，针对火箭增压输送系统产品清单的 486 项组件（含 2 381 项零件）和低温发动机全部产品的工艺状态变化情况进行了检查确认，检查了此发火箭增压输送系统和三级发动机产品工艺相对已成功飞行的 4 发火箭增压输送系统和 4 发三级发动机产品工艺参数的变化情况。火箭增压输送系统工艺保证项目共 53 项，经确认各项目均采取了有效的保证措施，并全部包络在已成功飞行的 4 发火箭产品中。低温发动机工艺保证项目共 168 项，经确认，各项目均采取了有效的保证措施，并全部包络在已成功飞行的 4 发三级发动机产品中。其中，工具环节保证项目 28 项；工艺方法环节保证项目 115 项；工艺装备环节保证项目 1 项；设备环节保证项目 1 项；验收环节保证项目 23 项，为焊缝质量工艺保证项目，验收结果包络在已飞行的 4 发三级发动机产品中。

在开展包络分析的同时，研制队伍认真梳理的增压输送系统关键特性、重要特性、设计重点关注的性能指标共 462 项。其中，针对低温发动机系统，总装，氢、氧涡轮泵，推力室，燃气发生器，喷管延伸段，阀门等性能指标进行包络分析的项目共计 150 项；针对发动机总装，氢、氧涡轮泵，推力室，燃气发生器，喷管延伸段，阀门等共计 27 个零件用关键原材料的性能指标进行原材料方面的包络分析工作。控制系统选取了系统数据中较为关键的时序、时串精度、速率陀螺零位、小回路系数偏差、平台系统当量偏差、惯组陀螺、加表测试误差和一致性偏差进行包络分析，共 16 个测试参数。增压输送系统在质量复查中采用了数据包络分析方法，管路部分包括自生增压管路原材料复查、气瓶原材料和试验数据复查和包络分析；阀门部分对飞行过程中有动作的、影响成败的关键环节测试数据进行复查。调零装置的包络分析项目主要包括每个通道的输出速度、最大输出、灵敏度检查等项目。其中输出速度反映了调零装置对系统零位调整速度的能力；最大输出反映了调零装置对系统零位的最大调整能力范围；灵敏度反映了调零装置对系统零位的起调电压。

然后，以相近的 9 发火箭相应指标的包络范围进行比对，其中"合格/包络"的 422 项，"合格/不包络"的 31 项，"超差/包络"的 5 项，"超差/不包络"的 4 项。对不包络的数据都进行了风险分析，采取了必要的措施。

（3）产品飞行成功子样数据包络分析方法的初步推广

在型号成功试点应用的基础上，2009 年，中国运载火箭技术研究院总结型号的成功应用经验，制定了《航天型号产品数据包络分析管理要求（试行）》，明确了产品数据包络分析的基本概念，产品数据包络分析的工作程序以及研制各阶段的工作要求。为此，产品成功数据包络分析应用在院所有型号全面展开。在此基础上，2010 年，中国航天科技集团公司印发了《包络线分析若干规定》和《关于进一步加强产品成功数据包络线分析工作的通知》，在集团公司推广产品成功数据包络分析方法。

2011 年，为进一步完善产品成功数据子样包络分析的理论方法，以便在国防科技行业进行全面的推广，在国防科工局的支持下，开展了"产品成功数据包络分析研究及应用"专项研究，研究以中国运载火箭技术研究院为主体，牵引集团公司相关配套单位，从总体、分系统到关键单机，系统化地开展研究，通过课题研究，建立了产品成功数据包络分析方法体系，开发了软件工具，形成了一系列应用规范，突破了复杂系统关键产品和关键特性确定、包络线构建和包络分析结果风险评估以及闭环管理等关键技术。2014 年，中国航天科技集团公司发布了产品飞行成功子样数据包络分析的标准 Q/QJA 302—2014《航天型号飞行成功数据包络分析要求》。

产品飞行成功子样数据包络分析方法作为中国航天工程实践中总结出来的技术方法，纳入到航天技术风险管理方法体系中。基于产品成功数据包络分析等方法研究与应用成果，2012 年，中国运载火箭技术研究院"运载火箭技术风险管理体系的建立和应用"项目获得全国质量技术奖唯一一等奖。2016 年，中国运载火箭技术研究院获得中国质量奖提名奖。

各研制厂所也根据集团公司和中国运载火箭技术研究院的要求，结合单位自身特点和型号研制要求，制定了相应的管理办法和要求，例如总体设计部制定了《型号产品成功数据包络线实施办法》，火箭总装厂制定了《型号产品数据包络分析管理办法》。在型号研制过程的三个阶段开展产品成功数据包络线分析工作：

1) 在单机、分系统产品逐级验收前开展数据包络线分析，形成报告，作为产品验收的重要依据并纳入产品验收评审；

2) 在型号出场前，型号组织相关单位针对型号出厂前各单机、分系统产品关键数据，完成数据包络线分析工作，由总体将分析结果汇总纳入风险分析与控制专题报告中，进行专题评审，作为型号出厂的必要条件之一；

3) 在发射场测试期间，型号组织各系统、各单位重点针对重要系统和单机，对发射场所有测试数据（含单元测试、分系统测试、总检查阶段）和出厂测试数据进行复查，并与已飞型号产品在发射场的测试数据进行比对，围绕关键数据进行包络线分析，将结果纳入评审报告，提交加注前质量评审。

在产品成功数据包络分析应用过程中，产品成功数据包络分析方法也不断完善，例如，形成了纵向和横向数据包络分析思路，根据产品指标要求形成了单边（望大、望小）和双边（望目）数据包络规则，系统关键参数数据包络分析时针对系统状态进行包络子样筛选和测试数据差异性判定，进一步完善了产品成功子样数据包络分析的方法。同时还形成了一套产品飞行成功子样数据包络分析的程序步骤、规范化的表格和文件形式。

1.4 产品飞行成功子样数据包络分析的目的、作用和意义

产品飞行成功子样数据包络分析方法是基于数据分析理论和统计过程控制理论，利用有限子样的数据表征和分析，识别可能影响任务成败的产品风险因素并进行评价，以确定产品能否满足发射飞行任务要求，从而解决大系统全特性的技术风险应对问题的一种技术方法。同时，该方法通过对产品制造过程关键数据的持续积累、系统分析，为进行工艺和设计的改进提供量化支撑，是涵盖运载火箭全系统、全过程关键特性的量化控

制技术。该方法源自我国航天工程实践经验总结，是对中国航天提出的数据比对分析和质量可靠性数据包工作的发展与系统应用，其不同于运筹学领域的数据包络分析方法，航天产品飞行成功子样数据包络分析利用产品已有成功数据建立的参数区间来评判当前产品执行任务的能力，指导型号对产品质量稳定性、一致性以及产品的实际质量及其可靠性进行对比分析和评判的质量分析工作，对客观、正确、有效地评判产品质量及其实际可靠性，尤其是飞行产品质量起到了良好的作用。产品飞行成功子样数据包络分析对象涵盖了产品的性能、原材料、工艺和环境参数，体现了面向结果和过程的质量控制思想。航天产品飞行成功子样数据包络分析作为航天技术风险管控的系统方法，采用该方法将待分析产品的数据与对应的历史成功子样数据包络范围进行比对，判定待分析产品数据是否落在包络范围内，得到待分析产品数据包络状况，评估产品是否具备执行任务的能力，识别潜在风险，确保型号任务圆满成功。同时，也可以通过产品数据的不断积累和科学有效的产品成功数据包络分析工作，对照产品实际工作环境和状态，查找产品设计和工艺上的薄弱环节或缺陷，从而实施设计和工艺改进，不断改进、优化产品质量，提升单位的质量管理水平。

1.5　产品飞行成功子样数据包络分析的应用模式

1.5.1　应用对象

航天产品飞行成功子样数据包络分析是将待分析产品数据与对应的包络范围进行比对，判定待分析产品数据是否落在包络范围内，得到待分析产品数据包络状况，评估产品是否具备执行任务能力的分析方法。

数据包络分析可分为产品原材料数据包络分析、产品工艺数据包络分析和产品性能数据包络分析、产品环境参数包络分析。

产品成功数据包络分析方法实质是以特性，特别是关键特性为中心，基于历史成功数据，采用统计分析方法得出成功包络范围，据此识别待分析产品成功执行任务风险的量化方法。

产品成功数据包络分析的对象是产品的关键特性（参数），关键特性是指如达不到设计要求或发生故障，可能迅速地导致型号或主要系统失效或对人身财产的安全造成严重危害的特性，关键参数及其要求派生于基于产品分解结构（Product Breakdown Structure，PBS）或工作分解结构（Work Breakdown Structure，WBS）的特性及其要求分解树。

按照系统工程管理要求，一般系统的完整要求包括功能要求（需要完成什么功能）、性能要求（这些功能要求达到什么程度）和接口要求（系统组成元素之间的接口要求），考虑到环境（电磁辐射、高低温、噪声、振动冲击、污染物、无线电频率等）对运载火箭成功执行任务的影响，还应该包括环境要求。

关键参数具有以下特征：1）指标要求可量化；2）关键参数依附于其载体，具有层次性；3）影响任务成败或主要系统失效的重要因素。基于以上关键参数的几个特征，在运载火箭关键参数识别与分解过程中，重点针对性能参数、接口参数、环境参数、工艺参数（含材料参数）展开研究。

1.5.2 应用时机

产品飞行成功子样数据包络分析工作贯穿于整个研制生产过程，广义的包络分析与型号研制阶段的对应关系如图 1-10 所示。

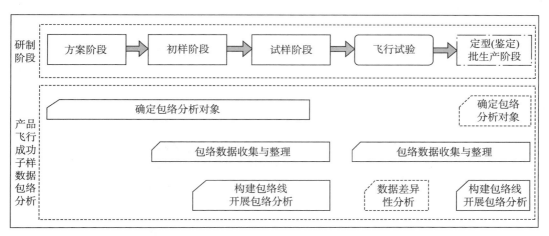

图 1-10 产品飞行成功子样数据包络分析与型号研制阶段的对应关系

包络分析从方案阶段开始，贯穿于型号研制生产的全过程。

1）方案阶段进行功能性能参数的分解，识别出初始的关键功能性能参数；

2）初样阶段对关键功能性能参数进行进一步细化、分解，识别出初始的关键设计参数，进行地面试验与分析，初样阶段可对地面试验结果采用包络分析进行评定，为设计改进提供参考；

3）试样阶段完成设计参数、工艺参数和原材料参数的分解，形成关键特性清单，收集地面试验与分析的结果，构建包络线开展包络分析，为产品出厂评审提供依据；

4）飞行试验前还应对关键性能参数进行数据差异性分析，对产品各阶段测试数据的一致性进行比对分析，查找是否存在超差、临界、跳变等数据，并对超差、临界、跳变的数据项目进行专题分析，明确产品参数偏差量对飞行试验的影响程度；

5）飞行试验反馈飞行试验结果，收集整理形成包络分析可用成功飞行子样数据；

6）定型（鉴定）和批生产阶段对关键特性清单进行适度调整，对飞行产品和抽样产品开展数据包络分析，评估产品质量。

1.5.3 应用过程

产品飞行成功子样数据包络分析是对关键参数离散性进行统计分析的一种技术方法，参考波动控制的基本程序步骤，性能、材料、工艺、环境关键参数不同，其分析流程也不完全相同，但大体上可分为如下几步。

(1) 确定关键参数项目

统计影响发射可靠性或飞行成败的关键参数，对航天型号而言，涉及的分系统一般包括：控制系统、动力系统、弹头及突防系统、弹体结构系统、火工品系统、遥测系统、外安系统和地面发射支持系统。关键参数包括如下两类：一是关键性能参数，主要是指验收、出厂可测的关键产品测试及试验数据，如电气系统测试数据等；二是关键工艺参数，主要是指影响关键产品性能的重要材料、工艺参数，如固体发动机的喉衬加工过程中高压碳化周期等。关键参数确定后，需进行影响分析，即参数如果偏离设计范围会给发射和飞行带来的影响分析。

(2) 确定飞行试验包络范围

按照关键参数项目，统计历次飞行试验产品这些参数的实测值，并结合地面试验结果，找出最大值和最小值，形成包络范围。

(3) 关键参数离散性分析

将飞行试验产品的各项关键参数实测值与设计要求以及包络范围进行逐一比对，分析是否满足设计要求，是否在包络范围内。经分析，如果关键参数实测值不在包络范围内，定义为离散参数，对离散参数要从参数设计指标的裕度以及地面试验结果分析两方面进行分析，给出是否影响飞行试验的结论。

1.6　产品飞行成功子样数据包络分析与其他质量工作的关系

航天质量管理经过数十年的发展，积累了很多确保任务成功的质量管理经验，以系统工程理论和系统科学理论为指导，构建了组织质量管理体系、产品质量保证体系、技术风险控制体系，一方面集成应用了世界上先进的质量方法，另一方面集成创新了自己特有的质量方法，并应用于上述三个体系中，例如，形成了以关键特性识别、分析、控制和优化为中心的航天技术风险分析与闭环控制模式，包络分析方法也可应用于产品质量保证体系中，对产品质量特性离散性进行控制。

在以关键特性为中心的技术风险分析与控制闭环管理模式中，围绕关键特性识别、分析、控制与优化，开展任务特点分析、关键特性识别与量化控制、单点故障模式识别与控制、"九新"分析、设计裕度量化分析、质量问题归零和举一反三检查与确认等工作，各项工作的输出记录在产品数据包中，并从产品数据包中提取关键特性识别、分析、控制和优化用的数据，开展产品飞行成功子样数据包络分析，如图 1-11 所示。

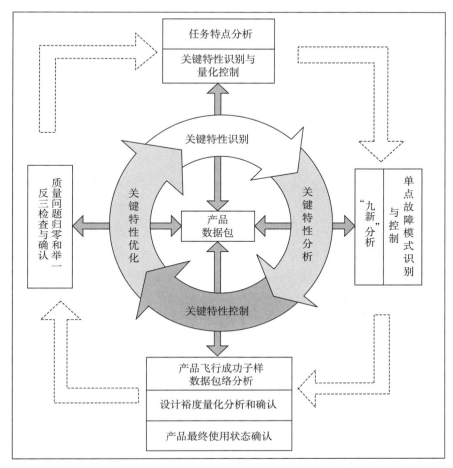

图 1-11 以关键特性为中心的航天技术风险分析与量化控制模式

1.7 本章小结

本章概述了航天产品飞行成功子样数据包络分析方法的基本概念，介绍了方法提出的背景、发展完善过程和应用研究现状，阐述了国内外相关技术方法的发展与应用情况，分析了方法的应用对象、应用时机和应用过程，以及方法在航天技术风险管理体系中的作用及与其他技术方法的关系。

第 2 章　产品飞行成功子样数据包络分析工作过程

2.1　产品飞行成功子样数据包络分析工作过程概述

产品飞行成功子样数据包络分析实质上是围绕产品的关重特性的识别、分析、控制和优化展开的，按照航天系统工程的思想，大体上分为围绕产品层次结构自顶向下从系统直至工艺和原材料的关键特性识别与分解过程以及自底向上逐级分析、系统综合的包络结果分析与风险评估两大过程。针对产品层次结构中某一个层级，产品飞行成功子样数据包络分析从通用的方法层面上分为：确定包络分析对象、构建包络线、包络结果风险分析和包络结果闭环管理几个过程。

2.2　产品飞行成功子样数据包络分析对象确定

2.2.1　明确产品成功定义

需要根据不同任务，制定产品成功准则及相应的结果评定，此外需要根据产品层次结构中的产品在任务不同阶段下实现其功能和性能的情况，确定各级产品的成功准则，不能简单地用型号的成功代替产品的成功。针对运载火箭系统而言，按照实现其飞行试验的任务要求情况，飞行任务结果一般可分为以下 5 个级别。

1）圆满成功。运载火箭各系统工作正常、工作参数均在要求的偏差范围内；有效载荷入轨，轨道参数偏差在允许的范围内；有效载荷入轨姿态满足要求，偏差在允许的范围内。

2）成功。火箭个别或部分参数超出要求的偏差范围；有效载荷入轨，部分轨道参数超出要求的偏差范围，但最终有效载荷参数尚能消除此偏差而不影响有效载荷的正常工作。

3）基本成功。运载火箭部分主要参数超出要求的偏差范围；有效载荷虽入轨但部分轨道参数误差较大，有效载荷最终不能完全消除此偏差而使有效载荷部分系统工作异常或影响有效载荷工作寿命。

4）部分成功。有效载荷虽然没有入轨，但火箭总体方案，主要分系统方案或关键技术得到考核或部分得到考核。

5）失败。运载火箭飞行有故障，致使有效载荷未能入轨；或有效载荷虽然入轨，但入轨参数或入轨姿态超出要求的偏差范围甚大，致使有效载荷无能力纠正而导致有效载荷未完成任务。

对单机和分系统，需要根据运载火箭系统任务剖面，细分其功能完成程度来界定产品成功的定义。从产品功能实现和性能满足的角度定义分系统、单机产品的成功，至少与两个条件相关：实现了预期功能要求并满足性能的能力。具体到运载火箭，衡量产品成功的两个指标为发射可靠性和任务可靠性。

2.2.2　界定包络分析对象

界定包络分析对象是以任务成功为目标，构建从系统到分系统、单机直至零部组件甚至工艺和材料的关键特性系统模型的过程，其初始级是系统的功能和性能要求。功能是"产品在整个寿命周期内的预期用途"，功能要求是"系统完成任务目标需要执行什么功能"；性能要求则是"定量化地描述系统功能需要执行的范围"。因此，功能与性能存在对应关系，对于适应不同任务环境的系统，可能存在一项功能对应多项性能的情况。功能和性能都是产品的质量特性，按重要程度又可分为关键、重要和一般性的功能和性能特性。产品功能和性能受任务环境的影响，为了确保任务成功，还应识别影响系统功能性能的环境参数。

为了保证包络分析工作的上下衔接，各级单位需要按照产品分解结构对本级产品的功能和性能进行分解、细化到关注和可控的层次。这里的可控是指能通过检验和试验等手段来验证；对于不能通过检验、试验、分析和演示验证等手段验证的功能和性能参数，还需要进行设计分析，分解到产品可测的几何、机械、物理和化学的产品设计特性，如果产品设计特性不可测时，还需要将设计特性按照其工艺流程细化到关键的工艺特性和材料特性。

界定包络分析对象首先需要从影响产品成功的因素着手，也就是分析产品故障模式。产品故障模式主要有三类：一类是因产品损坏不能实现预期功能导致的功能失效；一类是因产品性能退化引起的渐变性故障，如参数漂移；一类是系统的失稳，例如爆炸等。

基于上述思路，给出了包络分析的产品和对象确定过程和方法的示意图，如图 2-1 所示。具体来说，分为以下几个步骤。

（1）任务分析与任务环境的界定

目的：明确飞行任务阶段与功能的对应关系，进一步从"完成预定功能、满足性能要求"这两个条件来界定产品成功的内涵，明确产品的任务环境条件。

输出：从任务要求派生出的功能性能参数直接作为系统级的初始关键功能性能参数，列入关键特性清单，关键的环境参数作为包络分析对象列入包络分析的关键特性清单中。

方法工具：任务剖面图比对。

（2）功能性能要求分解

目的：基于产品的功能原理图、可靠性框图或功能流程框图将顶层的功能、性能按工作分解结构（产品分解结构）逐级分解为各组成的功能性能参数。功能性能要求的分解工作由本级产品的主承研单位负责，根据"责任清楚，接口清晰"的原则和质量分析控制的需要，分解可细化到零组件层。

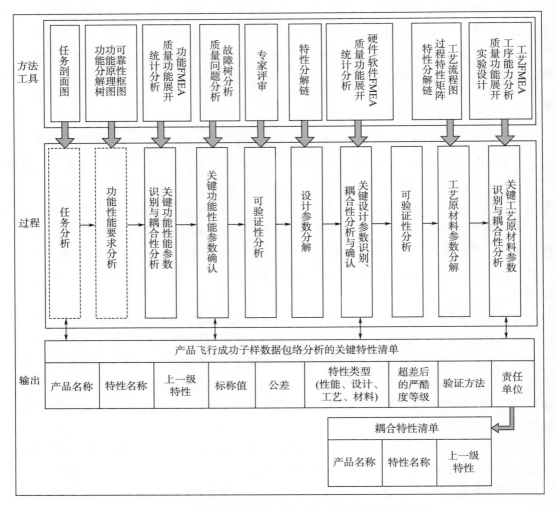

图 2-1　包络分析的产品和对象确定过程和方法的示意图

输出：用于关键功能性能参数识别的功能性能参数。

方法工具：功能原理图描述，可靠性框图描述。

（3）关键功能性能参数识别与耦合性分析

目的：识别出那些如达不到设计要求，可能迅速地导致型号或主要系统失效，对人身财产的安全造成严重危害以及可能导致产品不能完成预定使命的参数；识别出分解参数间的耦合特性关系。识别关键功能性能参数有两个原则：性能波动对上一级性能参数波动影响大，敏感性参数；达不到要求危害性大，可导致Ⅰ、Ⅱ严酷度的故障。包络分析中的耦合特性是指分解出的同级两个和多个性能参数存在影响上一级性能参数的交互关系，这种关系可通过明确的函数关系和线性回归分析等方法建立函数关系，从方法的角度通过实验设计分析确定参数的耦合特性关系和耦合特性对上一级性能的影响。

输出：列入关键特性清单的备选关键功能性能参数。

方法工具：质量功能展开（QFD），功能 FMEA，实验设计。

（4）关键功能性能参数确认

目的：确认所识别出的功能性能参数的合理性和完备性。合理性是指导致任务失败的故障（超出性能参数范围）涵盖了关键功能性能参数；完备性是指易发故障涵盖在所识别出来的关键功能性能参数集内。关键功能性能参数识别可能会忽略一些非关重的参数，但要确保涵盖易发故障的性能参数。

输出：列入关键特性清单的关键功能性能参数，耦合关键特性清单。

方法工具：故障树分析（FTA），历次质量问题统计分析。

通过合理选择顶事件，建立故障树，可以清楚地分析出哪些事件的组合可能导致系统灾难性故障的发生。

FTA 方法以不希望发生的、作为系统失效判据的一个事件（顶事件）为分析目标，由上而下，逐层识别、分析导致顶事件的一切可能原因和组合。应用 FTA 方法开展关键功能性能参数确认的主要流程是：

1）选择 FMEA 中的系统级 I 类、II 类故障作为 FTA 的顶事件；

2）确定能够单独或组合导致顶事件发生的二级事件和条件；

3）确定这些事件或条件是否能独立地导致顶事件，或是同时要求所有的事件或条件，还是要求它们有某种组合才能导致顶事件，用适当的逻辑符号和规则将这些信息表达出来；

4）确定能够导致每一个二级事件或条件的事件或条件，重复这个过程直到获得基本信息；

5）考察故障树及其最小割集，通过判断最小割集中的故障与功能 FMEA 分析识别的关键性能参数引起的故障进行比较分析，验证关键性能参数的合理性。

（5）性能的可验证性分析

目的：分析所识别出的功能性能参数是否能通过检验、试验、分析和演示验证手段进行验证，收集到反映产品功能性能的数据。从产品飞行成功子样数据包络分析的角度来看，原则上可验证的性能参数可直接作为本级分析的对象，不需进行设计参数的分解。不能验证的性能参数包括以现有的技术条件无法验证的参数和经济上验证不合理的参数两类。

输出：补充关键特性清单中验证方法的内容；待进行设计参数分解的性能参数。

（6）设计参数分解

目的：将不能验证的关键性能参数按照产品组成分解为具体的设计参数。设计参数还可以进一步分解直至可以进行控制的层次。

输出：分解形成的关键特性链。

方法工具：设计分析（如尺寸链分解等工程方法）。

（7）关键设计参数的识别与确认

目的：识别出那些如达不到设计要求，可能迅速地导致型号或主要系统失效，对人身财产的安全造成严重危害或可能导致产品不能完成预定使命的设计参数。与关键性能参数识别与确认的原则相同。

输出：列入关键特性清单的关键设计参数，耦合关键特性清单。

方法工具：QFD，硬件/软件 FMEA，实验设计。

（8）设计参数的可验证性分析

目的：分析所识别出的设计参数是否能通过检验、试验、分析和演示验证手段进行验证，收集反映产品设计参数实测数据。从产品飞行成功子样数据包络分析的角度来看，原则上可验证的设计参数可直接作为分析对象，不需进行工艺和材料参数的分解。不能验证的设计参数包括以现有的技术条件无法验证的参数和经济上验证不合理的参数两类。

输出：补充关键特性清单中验证方法的内容；待进行工艺和材料特性分解的设计参数。

（9）工艺、原材料参数分解

目的：将不能验证的设计参数按照工艺流程分解成工艺或原材料参数。

输出：分解形成的关键特性链。

方法工具：工艺流程图和工艺特性矩阵。

（10）关键工艺、原材料参数识别与耦合性分析

目的：将不能验证的设计参数按照工艺流程分解成工艺或原材料参数。

输出：列入关键特性清单的关键工艺和原材料参数，耦合关键特性清单。

方法工具：质量功能展开，工艺 FMEA，工序能力分析，实验设计。

（11）包络分析的产品和对象结果确认

目的：确认分析所形成的关键特性清单、耦合关键特性清单中数据的关联一致性、有效性。确认应依据以下原则：

1）关键特性不应该是孤立的特性，即上一级特性不能为空或有明确来源；

2）不再分解的关键特性验证方法不能为空；

3）耦合特性清单中的特性都应是列入关键特性清单中的特性。

2.3　产品飞行成功子样数据包络线构建

产品飞行成功子样数据包络线的构建过程与方法如图 2-2 所示，分为数据收集与整理、包络线构建两大过程，具体过程与方法如下。

2.3.1　产品飞行成功子样数据收集与整理

（1）产品飞行成功子样数据的收集

目的：首先从技术状态、任务要求、环境条件和使用状态等方面分析待分析的产品与历史产品的相似性，界定可用产品对象范围，根据产品成功的定义，从产品数据包（检验报告或试验报告）中获取可用产品对象的试验（地面、飞行）、检验、分析数据，组成分析样本数据集。

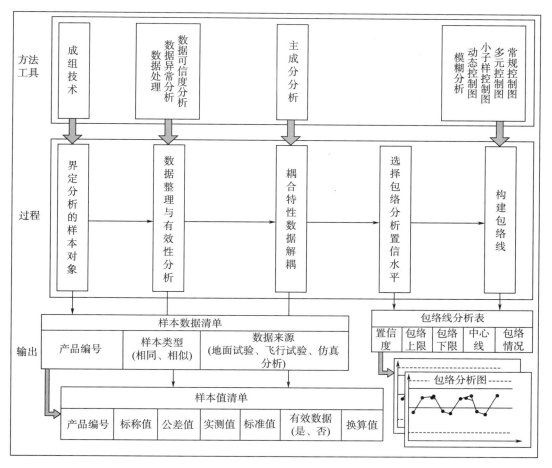

图 2-2　包络线构建过程与方法示意图

方法工具：相似性分析（成组技术、聚类分析、专家评判等方法）。

输出：分析用样本数据清单，样本值清单。

（2）产品飞行成功子样数据的整理

目的：消除相似产品数据由于量纲、均值公差不一致而对分析结果的影响；剔除显著的异常数据；充分利用地面试验数据、仿真分析数据等先验数据。

方法工具：

1）数据测量有效性分析：通过测量系统分析，确认数据测量有效性。

2）标准化处理：对相似产品数据为了消除量纲对分析结果的影响，通常需要对数据进行标准化处理，可将原始数据转化为 0～1 之间的数据。

3）基于统计方法的异常数据判别：识别明显过大和过小的数据，并从工程上进行解释。

4）基于可信度的先验数据换算：通过统计分析和专家判断给出地面试验数据、仿真分析等先验数据的可信度，基于可信度对原始数据进行转化。

输出：样本值清单。

（3）耦合特性数据解耦分析

目的：将耦合特性通过数理统计或工程分析的方法解耦成相互独立的特性（也可能是虚拟的特性），解耦既要保持特性交互影响又要降低分析难度，并将原始数据按照解耦模型换算成独立特性值。

方法工具：数理统计（回归分析、主成分分析等），工程分析。

输出：在样本值清单中列入解耦后的特性及其换算值。

2.3.2　产品飞行成功子样数据包络线构建

（1）包络线与设计公差线的区别

包络线是基于先验数据（试验、检验、仿真分析数据）通过统计分析得出的产品成功执行任务下关键参数范围的一种界定，包络线与设计指标之间的关系如图 2-3 所示。设计指标是一个静态的参数，但包络线随着成功任务数据和知识的不断积累、对任务成功条件理解的不断加深而动态调整，当样本数据量累积到一定的数量后，趋于稳定于产品执行

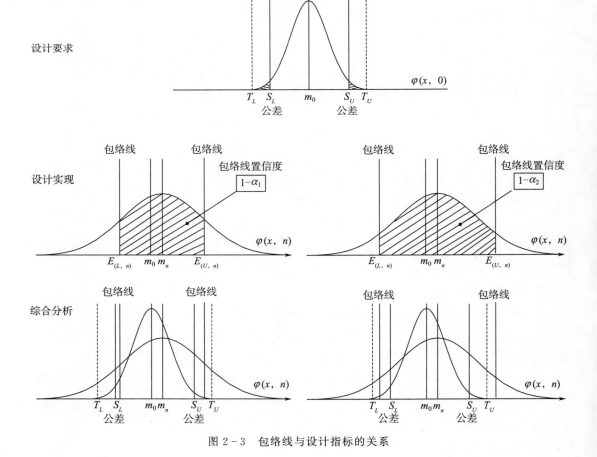

图 2-3　包络线与设计指标的关系

任务的质量特性界限。设计指标公差线反映的是产品合不合格，而包络线则从能否成功完成任务的角度衡量产品质量。从直观上来看，包络线可以：

　　1）通过与历史成功产品关键参数的比较，评判当前产品的质量；

　　2）利用历史数据掌握实际的失效临界值；

　　3）为超差产品放行提供定量化的依据。

　　（2）包络线构建

　　包络线的构建分为包络线的计算和绘制两个步骤，首先按照分析要求选定置信度水平，然后通过统计分析计算出均值、上下包络线，基于计算的结果绘制包络分析图。需要根据特性类型和样本量具体分析。

　　（3）单特性大子样包络线构建

　　目的：不考虑特性的耦合关系，计算大样本量的特性的包络统计值，绘制包络线。

　　方法工具：常规控制图、移动极差控制图等。

　　输出：包络线分析表，包络分析图。

　　（4）单特性小子样包络线构建

　　目的：不考虑特性的耦合关系，计算小样本量的特性的包络统计值，绘制包络线。小子样包络线的构建思路是通过扩充样本后采用常规控制图建立包络线或者基于先验数据通过贝叶斯估计建立包络线。

　　方法工具：自助法、动态控制图、随控图等。

　　输出：包络线分析表，包络分析图等。

　　（5）多特性大子样包络线构建

　　目的：计算大样本量的多特性的包络统计值，绘制包络线。大样本下的多特性包络线可先进行特性的解耦成单特性，也可基于多元控制图理论进行分析。

　　方法工具：多元控制图。

　　输出：包络线分析表，包络分析图等。

　　（6）多特性小子样包络线构建

　　目的：计算小样本量、无法利用统计方法进行解耦和多元控制图分析的情况，可采用模糊数学、统计学习的方法进行综合评判。

　　方法工具：模糊数学，支持向量机等。

　　输出：包络线分析表。

2.4　包络分析结果风险评估

2.4.1　包络结果分析与汇总

　　包络分析结果分为四类：满足设计指标并在任务成功包络线内的合格包络；满足设计指标但在任务成功包络范围外的合格不包络；不满足设计指标但在任务成功包络线之内的超差包络；不满足设计指标且在任务成功包络范围之外的超差不包络。

各级产品应按四类分析结果汇总包络结果，如图2-4所示。

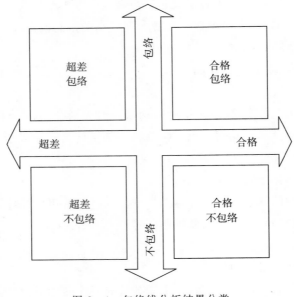

图2-4　包络线分析结果分类

2.4.2　包络结果风险分析

包络风险分析是根据产品的关键特性包络情况综合分析产品质量对任务成败的影响，可以基于包络分析结果，采用风险矩阵方法和定量的风险评估方法评估产品质量风险，为质量管理决策提供依据。

2.4.3　包络分析风险

作为基于先验数据的统计分析方法，样本量的大小、包络置信度的选择都会影响具体包络线分析结果的可信性。

作为一种工程方法，包络分析只能作为管理层决策的一项依据，作为加强技术风险管理的手段之一，包络分析工作由于下列原因本身也存在一定的风险：

1）由于技术认识不够全面，导致关键特性识别不完备；

2）数据样本量小，影响分析结果的可信性；

3）对天地环境的差异性分析不到位，导致数据样本处理不合理；

4）其他随机因素。

2.5　包络分析结果潜在风险闭环管理

基于包络分析结果预示的当前样本产品的风险和产品设计的潜在风险，分别针对潜在的当前样本产品的质量风险和产品整体设计的风险，采取必要的风险确认、风险预防、风险降低、风险控制等措施。例如，针对当前的样本产品，采取设计裕度分析、地面试验验证，针对产品整体设计风险采取优化设计、容差设计、工艺改进等方法，如图 2-5、表 2-1 所示。

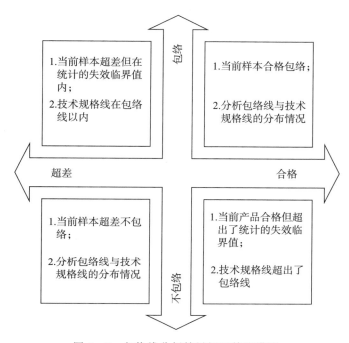

图 2-5　包络线分析结果闭环管理措施

表 2-1　包络分析结果闭环管理措施

包络结果	对象	具体情况	具体措施
合格包络	样本产品	产品参数在设计可控范围和失效临界值内,任务失败风险低	—
	产品设计	包络线在设计指标内,技术指标定得过松	修改设计公差
		包络线远在设计指标外,技术指标定得过严	设计优化
		包络中心值偏离设计标称值过远	设计优化,工艺优化
超差包络	样本产品	产品参数在设计可控范围外和失效临界值内	裕度分析
	产品设计	包络线远在设计指标外	设计优化
合格不包络	样本产品	产品参数在设计可控范围内但在失效临界值外	地面试验验证,裕度分析,设计复核复算
	产品设计	包络线在设计指标内,技术指标定得过松	修改设计公差
超差不包络	样本产品	产品参数在设计可控范围内和失效临界值内,任务失败风险高	地面试验验证,裕度分析,设计复核复算
	产品设计	包络线在设计指标内,技术指标定得过松	修改设计公差
		包络线远在设计指标外,技术指标定得过严	设计优化
		包络中心值偏离设计标称值过远	设计优化,工艺优化

2.6　产品飞行成功子样数据包络分析方法体系结构

参考包络分析工作过程，根据不同技术方法的适用性要求，可以建立如图 2 - 6 所示的产品飞行成功子样数据包络分析技术方法基本框架。

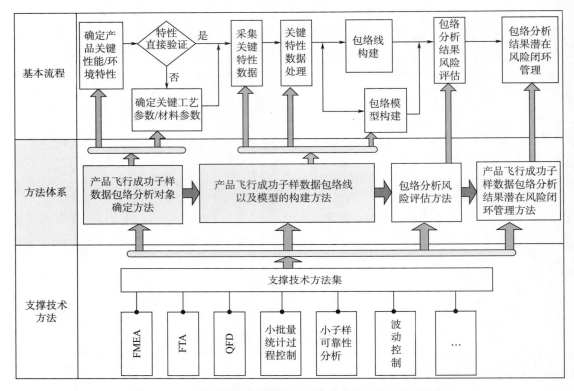

图 2 - 6　产品飞行成功子样数据包络分析技术方法基本构架

1）基于产品技术原理，采用 FMEA、FTA 等确定关键产品、关键特性的技术方法。基于不断完善的产品飞行成功子样数据和待飞任务数据，以充分识别风险、保证成功为目标，结合型号研制阶段的不同特点，如武器批生产、运载火箭商业发射等，以抓关键产品、关键特性的识别与控制，确定产品性能包络分析对象。

2）工艺过程参数和材料参数的确定方法。基于产品结构树（PBS）分解产品性能，建立产品性能和工艺过程参数、材料参数之间的关系，研究产品形成的关键过程、关键工艺以及基础材料的关键特性，从而确定工艺和材料包络分析对象。

3）系统、分系统、单机成功产品包络线的构建方法。以保证产品成功为出发点，从不同产品层次（系统、分系统、单机、部组件、材料、器件）、不同产品类型〔液体（固体）发动机、增压输送系统、分离系统或火工装置、伺服机构、弹上计算机、控制系统程序配电器、安全控制器和惯性测量装置〕和不同数据类型（定性与定量）的产品成功数据包络线方法构建产品成功数据包络线。

4）系统、分系统产品成功数据包络模型的构建方法。基于型号的技术原理分析和可靠性分析来确定决定系统、分系统成败的关键特性，确定出所涵盖的包络线的系统结构。

5）包络分析结果风险评估方法。借鉴统计过程控制、小子样可靠性分析和贝叶斯方法，针对包络分析的特点开展定量的风险评估研究。

6）不包络的处置与闭环管理方法。以型号技术风险管理要求和技术责任制、技术流程为基础，针对包络分析的特点以及超出包络数据处置要求，研究形成闭环管理方法，提出优化设计、工艺参数的管理要求。

2.7 本章小结

本章概述了航天产品飞行成功子样数据包络分析的工作过程，基于过程的思想，从输入、输出、活动、支撑方法四个方面细化了产品飞行成功子样数据包络分析对象确定、产品飞行成功子样数据包络线构建、包络分析结果风险评估和包络分析结果潜在风险闭环管理四个环节的工作内容。

第3章 产品飞行成功子样数据包络对象确定

3.1 关键特性定义及其分解

质量特性（Quality Characteristic），即有关要求的产品、过程或体系的固有特性，特性是指可区分的特征。换句话说，产品质量特性是在产品或零件的一定总体中，区分各个体之间质量差别的性质、性能与特点。这些质量特性由企业通过一系列技术转化工作，将技战术需求尽可能用质量参数定量化地表现出来，它是评价产品质量的依据。质量参数一般用产品或零件图样、标准、技术要求等来体现。

产品飞行成功子样数据包络分析的对象是产品的关键特性（参数），图3-1给出了产品特性的层次结构，产品飞行成功子样数据包络分析中的关键特性是影响任务成败的系统、分系统、单机、部组件和零件的特性，这里的任务成败涉及人员伤亡、任务失败或关键功能失效等。

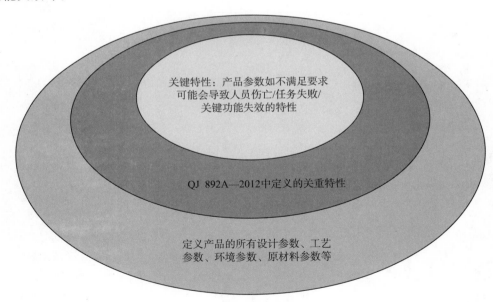

图3-1 产品特性的层次结构

按照系统工程管理要求，一般系统的完整要求包括功能要求（需要完成什么功能）、性能要求（这些功能要求达到什么程度）和接口要求（系统组成元素之间的接口要求），考虑到环境（电磁辐射、高低温、噪声、振动冲击、污染物、无线电频率等）对运载火箭成功执行任务的影响，还应该包括环境要求。

关键参数具有以下特征：1）指标要求可量化；2）关键参数依附于其载体，具有层次性；3）是影响任务成败或主要系统失效的重要因素。基于以上关键参数的几个特征，在运载火箭关键参数识别与分解过程中，需要重点针对性能参数、接口参数、环境参数、工艺参数（含材料参数）展开研究。

3.1.1　产品特性分类

产品飞行成功子样数据包络分析的对象包括性能特性、工艺特性、环境特性等特性，为了保证产品特性的实现，在产品的研制过程中，通常需要将系统级特性分解到部组件、零件，甚至工艺、原材料中。

1）性能参数定量化地描述了系统需要执行功能到什么程度。在功能分解的基础上，通过诸如以下问题对任务要求和发射使用情境进行全面分析得出性能参数及其要求：多大频率以及效果如何？达到什么样的精度？输出的质量和数量？在什么样的压力条件（例如，最大同时访问量）或环境条件？多长的工作时间？极限值有多大？容差有多大？最大的输出或带宽能力有多少？

2）接口参数表示产品与其外部环境的边界条件。接口类型一般分为：指令与控制接口、计算机之间的接口、机械接口、电参数接口、热参数接口和数据接口等。

3）环境参数表示每个任务都具有其特殊的环境要求的参数，该要求适用于任务的飞行产品。识别特定任务的内外部环境、分析并量化预期环境、编制设计指南并建立相对于预期环境的合理裕量，是系统工程的重要职能。

4）工艺参数是影响性能、接口等质量参数的工艺要素的质量度量指标参数。工艺要素诸如材料工艺性、毛坯制造方法、加工方法、装夹方案、走刀方式与路径、机床性能、刀具性能、检验方法等，度量装夹方案要素的工艺参数则有定位误差（精度）、装夹变形量、稳定性等指标。

5）参数分解是沿产品分解结构（产品树）或工作分解结构，根据产品组成，自上往下将特性细化到可控制层次的过程。特性分解形成的自上而下的上下级链条关系称为特性分解链。上下级特性之间的关系可通过广义函数表示 $y = f(x_1, x_2, \cdots, x_n)$（$y$ 为上级参数，又称父参数；x_i 为下级参数，又称子参数），其中，能通过数学定理、定律、物理原理和工程经验等建立明确函数式关系称为显性函数关系，不能建立明确函数式的关系称为隐性函数关系。

6）参数耦合是指影响父参数的同一级子参数之间存在交互影响关系 $x_i = g_i(x_1, x_2, \cdots, x_{i-1}, x_{i+1} \cdots, x_n)$，该交互影响关系使得单独地控制单一参数难以保证父参数。

3.1.2　产品关键特性分类

产品关键特性数据是产品数据包的核心内容，产品关键特性按照研制过程分为设计关键特性、工艺关键特性和过程控制关键特性。

（1）设计关键特性

特定的设计方案中存在因产品使用环境变化对产品功能性能变化敏感的设计参数、因方案中选用的制造工艺偏差对功能性能敏感的设计参数、产品在最终状态下存在不可测试的关键功能性能等，决定该设计方案的关键设计的总和称为设计关键特性。

航天产品设计关键特性主要反映基于现有技术积累和认识水平，围绕产品任务书各项要求转化为产品各类设计指标这一产品设计过程，通过对设计流程的梳理，利用相关的分析手段，按照指标要求逐级分解的思路，主要从产品和主要部组件两个层面，识别出需在产品设计过程中重点关注和验证的关键技术指标。

在产品设计关键特性识别过程中，要依据产品任务书、产品技术要求、产品保证要求及产品设计、制造、试验规范等要求，通过以下几方面的分析，确定设计关键特性。

1）设计特性分析；

2）识别上级用户技术要求；

3）产品故障设计模式及影响分析；

4）可靠性、安全性、维修性、保障性分析；

5）测试覆盖性分析；

6）产品环境适应性分析；

7）试验验证充分性分析；

8）技术风险分析；

9）产品质量问题归零和举一反三情况分析。

（2）工艺关键特性

特定的工艺方案中存在影响产品功能性能的不稳定制造工艺、制造过程控制的不确定性及生产过程不可检验项目，决定该工艺方案的关键工艺参数的总和称为工艺关键特性。

航天产品工艺关键特性主要反映基于现有工艺技术方法和手段、围绕产品设计指标转化为工艺控制要求这一工艺设计过程，通过对产品实现全过程的工艺方法条件及手段进行系统梳理，利用相关的分析手段，按照产品逐级分解、系统集成的思路，从主要部组件和产品两个层面，识别出需在产品工艺设计过程中重点加以确定和验证的关键工艺控制环节。

在产品工艺关键特性识别过程中，要围绕产品设计关键特性的工艺实现，通过以下几方面的分析，确定工艺关键特性。

1）设计文件规定的某些关键特性、重要特性所形成的工序；

2）在产品生产中加工难度大或质量不稳定的工序；

3）生产周期长、原材料稀缺昂贵、出废品后经济损失较大的工序；

4）关键、重要的外购器材及外协件的入厂验收工序；

5）工艺控制结果只能靠最终产品试验验证的工序。

（3）过程控制关键特性

产品过程控制关键特性包括对产品设计关键特性的偏差控制项目、不可测试功能性能需要通过制造过程控制的项目等一系列产品生产过程数据项目。

航天产品过程控制关键特性主要反映基于现有质量控制要求和控制手段，围绕产品生产实现全过程，利用相关的分析手段，按照产品逐级分解、系统集成的思路，主要从主要部组件和产品两个层面，识别出需在产品生产实现过程中重点控制的关键指标。

在控制关键特性识别过程中，要围绕产品设计关键特性和工艺关键特性的生产实现，通过以下几方面的分析，确定产品过程控制关键特性。

1）设计规定的过程控制关键特性；

2）工艺规定的过程控制关键特性；

3）关键、强制检验环节；

4）过程中无法检测环节；

5）需多媒体记录环节；

6）关键、重要器材及外购件验收环节。

产品三类关键特性要围绕产品设计、工艺、过程控制 3 个环节，通过辨识、分析可能存在的风险因素，并在比较各风险因素的危害程度和不确定性的基础上，分别予以确定。工艺、过程控制需作为独立要素考虑，过程控制要将产品保证的要求统筹考虑，这对于外包产品至关重要。

3.2　关键特性分解过程

关键特性分解链在产品飞行成功子样数据包络分析中的作用、关键特性的几个概念之间的关系如图 3 - 2 所示。

关键特性分解过程按以下步骤实施：

1）沿着系统组成的产品分解结构（产品树）或工作分解结构，按特性类型，分层次梳理各级产品的特性。

2）在梳理运载火箭关键全特性（参数）的基础上根据关键特性原则，采用表 3 - 1 所示的方法识别出关键特性，并明确上下级关键特性之间的父子（层级）关系，尽可能地建立特性之间的分解函数关系，构建关键特性树。

3）明确关键特性的技术要求和待分析样本数据要求，形成运载火箭关键特性清单，进行产品飞行成功子样数据包络分析。

4）产品飞行成功子样数据包络分析结果反馈给设计、工艺进行关键特性优化，并基于特性之间的函数关系，对系统的包络分析结果进行汇总分析。

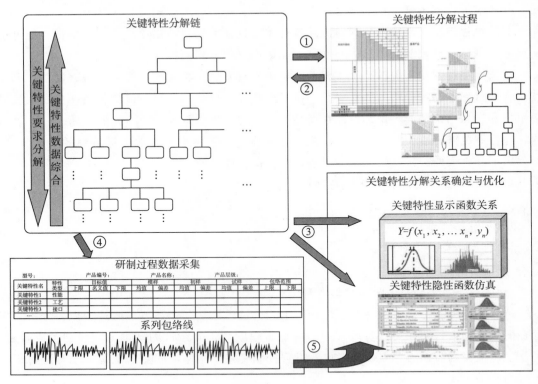

图 3-2　以关键特性为中心的包络分析过程

表 3-1　关键特性识别方法

方　法	说　明
质量功能展开	质量功能展开通过矩阵(质量屋)层层分解法将用户需求转化为产品特征、零部件技术特性、工艺特性及质量控制等技术规范与信息,并确定各特性的重要度,质量功能展开用于将技战术指标逐层分解直至工艺和材料特性的质量特性瀑布式分解以及关键质量特性的识别
质量损失函数	质量损失函数是描述质量特性偏离目标值所带来的损失的函数,质量损失函数可以定量地描述下级质量特性波动对上级质量特性的影响,可用来识别关键质量特性
统计波动分析	采用仿真分析模拟下级特性的波动分布,通过仿真分析计算得出上级特性的波动,分析上下级特性的波动关系,统计波动分析可以用来识别关键特性,也可以用来建立特性间的隐性函数关系
故障模式及影响分析	故障模式及影响分析是对产品各组成单元可能存在的各种故障模式及其对产品功能的影响进行分析,确定故障的严酷度、发生概率和危害性,可用故障模式及影响分析从故障的角度识别出待分析的关键产品和关键特性
故障树分析	故障树分析用来寻找导致不希望的系统故障或灾难性危险事件(顶事件)发生的所有原因和原因组合,可以用来确定关键产品、功能性能、接口和环境参数及其要求
实验设计	实验设计通过对一个过程或系统的输入变量做一些有目的的改变,以便能够观察到和识别出引起输出响应变化的原因。可用实验设计对历史数据进行分析,识别出性能、接口和环境关键特性以及关键特性的最优配置,也可用实验设计方法进行工艺参数设计与优化后确定待分析的关键工艺特性
因果图	因果图表示质量特性与影响因素的关系图,主要用于寻找影响质量特性的重要因素,主要用于识别和确定下级关键特性

续表

方　法	说　明
工序能力指数分析	工序能力是在操作者、工序设备与工装、原材料、操作方法、环境条件和检验方法等都控制在某一水平的条件下,操作呈稳定状态时所体现的能力。工序能力指数分析从生产能力的角度确定需要重点关注的关键工艺特性和性能特性

3.3　包络分析对象确定方法

3.3.1　质量功能展开

3.3.1.1　方法概述

质量功能展开（Quality Function Deployment，QFD）是一种用户需求为驱动的产品开发方法，即采用系统化、规范化的方法调查和分析用户需求，并将其转换成为产品特征、零部件特征、工艺特性、质量与生产计划等技术需求信息，使所设计和制造的产品能真正地满足用户需求。它将注意力集中于规划和问题的预防上，而不仅仅集中于问题的解决上。它代表了从被动的、反应式的传统产品开发模型，即"设计-试验-调整"，到一种主动的、预防式的现代产品开发模型的转变，是系统工程思想在产品设计和开发全过程中的具体应用。一些发达的工业国家已成功地应用了 QFD 方法进行产品开发设计，并作为企业进行全面质量管理的一个重要工具，而且取得了许多成果和良好的经济效益。

QFD 方法能够将用户需求和技术指标结合起来，量化地判定技术指标的重要程度，从成功数据包络参数识别过程来讲，是从客户或使用方的角度来识别成功数据包络参数。

这里以固体火箭发动机设计，研究质量功能展开技术在关键特性识别中的应用。利用质量功能展开技术，采用阶段分析法和相关矩阵形式进行分析计算，从固体火箭总体需求，逐步转化为发动机总体需求和零部组件需求，确定固体火箭发动机的设计质量控制方法，将技战术指标、火箭总体需求转化为固体火箭发动机设计特征，将质量需求转换为技术参数重要度，从中识别成功数据包络参数。

3.3.1.2　应用过程

（1）质量需求分析

①需求调研

通过发放需求问卷、客户访谈、相关设计人员深度访谈等方法，获取客户需求信息。通过这些方法，有的可以直接得到客户对需求的原始描述，多以希望、评价、抱怨的形式出现，被称为"顾客的声音（Voice of Customer）"，如：需求问卷、客户访谈；也有的间接对客户需求进行描述，它们多以经验描述、统计数据、解决方案的形式出现，如：相关设计人员深度访谈。对于固体火箭发动机设计领域，应结合国内国际形势、分析国内市场需求和走向，多了解总体和用户的期望和需求。重视和加强与用户的协调和与总体单位协调，每次产品质量活动过程中对用户、总体单位、质量监督代表提出的问题，要落实解决并及时反馈。对顾客反馈意见及处理过程保留记录。关注顾客需求，不断完善，持续改进。

调研取得原始资料所涉及的内容是多种多样的，描述的形式也是千差万别，不能直接作为 QFD 的需求语言使用，有必要对它们进行变换。

②需求变换

需求调研阶段结束后，首先采用 5W1H 法对获取的客户需求进行逐个探讨，想象情景实例，以期对顾客的需求形成较为全面的认识。5W1H 法是针对 Who（主体是谁），Why（为何理由），When（何时），What（内容），Where（场所），以及 How（方法）六个要素的系统分析方法，可初步分析需求和心理。接着以原始数据为基础，用简洁明了的语言将客户需求概括、转换为只含有一个意思的、能具体表现的语言信息，以符合 QFD 需求语言的要求。经过变换后的客户需求形式统一、描述规范，但是往往条目众多且存在重复，需要按照一定规则、方法对客户需求进行聚类。

③需求聚类

在需求变换完成后，应将表达同一含义或相似含义的顾客需求进行合并，构造客户需求展开表。需求聚类采用 KJ 法。具体来说，就是针对某一问题，充分收集各种经验、知识、想法和意见等资料，按其相互亲和性归纳整理这些资料，将信息分类，求得统一认识和协调工作，以利于问题解决，图 3-3 为固体火箭发动机 KJ 图。

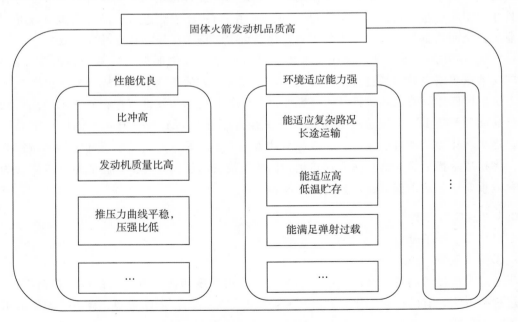

图 3-3　固体火箭发动机 KJ 图

在固体火箭发动机研制过程中，正式设计输入为总体的总体任务书，除任务书外，还有其他一些显性和隐性的技术要求，对总体和用户需求的理解程度直接影响到后续设计和研制阶段的进程甚至任务的成败，所以用户的需求分析是非常关键的，需要对各种要求进行系统的调研、变换和聚类。为保证质量需求完全满足总体和用户的需求，可以在质量需求分析完成后，请总体和用户方评审验证分析结果是否满足要求，甚至可以要求总体和用户与发动机研制单位共同进行质量需求分析。

通过质量需求分析，最终形成三次水平展开的质量需求展开，见表 3 - 2。

表 3 - 2　固体火箭发动机质量需求展开

一次水平	二次水平	三次水平
固体火箭发动机品质高	性能优良	能量水平高
		推力、压强稳定
		消极质量小
	可靠性高	工作安全可靠
		使用寿命长
	易于维护使用	使用方便
		维护方便
		测试方便
	有较强的环境适应性	适应复杂路况
		适应高低温环境
		适应力、热学载荷
	结构协调	外形满足总体要求
		接口尺寸满足要求
	外观良好	外观完整
		表面无划痕、锈蚀

（2）产品设计技术特性展开

完成用户质量需求分析后，将固体火箭发动机的技术特性进行分类和展开，一般进行三次水平的展开，第三次水平展开的技术特性对应可实现的、具体的参数，即技术文件和图样中的设计参数，这样在下一步建立质量屋时，就能将用户的质量需求直接转换到具体的设计参数中，最大程度地实现用户需求与产品开发设计之间的转换。技术特性展开见表 3 - 3。

表 3 - 3　固体火箭发动机技术特性展开

一次水平	二次水平	三次水平
技术特性	性能指标	工作时间
		平均推力
		比冲
		装药量
		质量比
		加速性

续表

一次水平	二次水平	三次水平
技术特性	外形及接口尺寸	外形尺寸
		接口尺寸
		表面要求
	使用环境及载荷条件	地面使用条件
		飞行力学载荷
		热环境
	六性要求	可靠性
		维修性
		保障性
		测试性
		安全性
		环境适应性
	贮存性及寿命要求	贮存性
		寿命要求
	交付及维护要求	交付要求
		维护使用

（3）发动机整机质量屋的建立

在完成质量需求分析和技术特性分析以后，就可以搭建固体火箭发动机的质量需求-技术特性规划质量屋了，将质量需求放到质量屋的左墙，技术特性放到天花板，关系矩阵就是质量屋的房间，利用质量屋的对应关系将质量需求重要度变换成技术特性的质量特性重要度。这样，固体火箭发动机设计的质量屋便建立起来（见表3-4）。以强相关◎代表5、中等相关○代表3、弱相关△代表1，对差异化评估进行量化。在进行量化时，对某些特别重要的指标，如比冲、贮存性及寿命要求等，可以按重要度等级进行分值加权，同时，对重要的用户需求（如性能优良）也进行分值加权，以凸显其重要性，合计质量特性重要度。

按照表3-4的质量需求-技术特性规划展开，性能指标、外形及接口尺寸、使用环境及载荷条件、六性要求、贮存性及寿命要求、交付及维护要求的质量特征重要度总和分别为75、33、37、46、16、14，可见在固体火箭发动机设计中优先考虑的是性能指标、六性要求、使用环境及载荷条件、外形及接口尺寸等参数，根据各技术指标的质量特性重要度，重要参数有：比冲，质量比，环境适应性，装药量，接口尺寸，地面使用条件，飞行力学载荷，工作时间，平均推力，表面要求，热环境，寿命要求，贮存性。

在研制的不同阶段，不同指标可以有不同的加权，如在试样或定型阶段时，性能指标已经能够很好地满足要求，此时可将外形及接口指标进行1.5的加权，以凸显该指标的重要性。

表 3 - 4 固体发动机总质量需求-技术特性规划质量屋

质量需求 ＼ 技术特性	性能指标 工作时间×2	性能指标 平均推力	性能指标 比冲	性能指标 装药量	性能指标 质量比	性能指标 加速性	外形及接口尺寸 外形尺寸	外形及接口尺寸 接口尺寸	外形及接口尺寸 表面要求	使用环境及载荷条件 地面使用条件	使用环境及载荷条件 飞行力学载荷	使用环境及载荷条件 热环境	六性要求 可靠性	六性要求 维修性	六性要求 保障性	六性要求 测试性	六性要求 安全性	六性要求 环境适应性	贮存性及寿命要求 贮存性	贮存性及寿命要求 寿命要求	交付及维护要求 交付要求	交付及维护要求 维护使用
性能优良（2倍系数）能量水平高	○	△	◎	○	○																	
性能优良（2倍系数）推力,压强稳定		◎	○	○	○																	
性能优良（2倍系数）消极质量小				○	◎	○																
可靠性高 工作安全可靠				△			△	◎		△	◎	◎	◎				◎				○	◎
可靠性高 使用寿命长							△	△		△	○	△	◎				△	◎		△	△	△
易于维护使用 使用方便							△	△		△				△	△				○		○	
易于维护使用 维护方便							△	△		△				◎	○				○		○	◎
易于维护使用 测试方便								△		◎					△	◎					△	△
有较强的环境适应性 适应复杂路况							◎		△	◎								○	○			
有较强的环境适应性 适应高低温环境									△			◎	△						○			
有较强的环境适应性 适应力,热学载荷											◎	◎	△					△				
结构协调 外形满足总体要求							◎															
结构协调 接口尺寸满足要求								◎	○													
外观良好 外观完整							△		◎													△
外观良好 表面无划痕,锈蚀									○													△
质量需求特性重要度	12	12	16	13	16	6	9	13	11	13	13	11	9	6	4	6	5	16	10	6	7	14

（性能指标 75；外形及接口尺寸 33；使用环境及载荷条件 37；六性要求 46；贮存性及寿命要求 16；交付及维护要求 14）

注:△—1;○—3;◎—5。

（4）发动机部组件质量屋的建立

完成发动机总体的质量屋建立后，将总体技术指标放在部组件质量屋的左墙，部组件的技术参数放在质量屋的顶部，这样就形成了部组件的质量屋，通过部组件配置质量屋的建立和分析，可以找出实现发动机总体对部组件的需求特征。部组件配置质量屋的最终输出是能保证实现质量特性（产品特征或工程措施）的零部件特征要求，并以此进行部组件重要参数的识别。

由于固体火箭发动机部组件较多，仅挑选最关键的燃烧室和喷管部组件质量屋的建立为例，燃烧室的质量需求-技术特性质量屋见表 3-5，喷管的质量需求-技术特性质量屋见表 3-6。由表 3-5 可以看出，燃烧室推进剂的质量特性重要度最高，而推进剂指标中又以质量和燃速指标的质量特性重要度分值最高，这与表 3-4 发动机总体质量屋中的分析相对应，凸显了性能指标的重要性，这就将总体的设计特性转化为零部组件的设计特征。根据各技术指标的质量特性重要度，重要参数有：绝热层抗拉强度、绝热层伸长率、绝热层烧蚀率、绝热层密度、圆周裂纹断裂强度、绝热层界面性能、绝热层质量、衬层抗拉强度、衬层断裂伸长率、衬层质量、推进剂燃速、推进剂压强指数、推进剂密度、推进剂抗拉强度、推进剂伸长率、推进剂界面性能、推进剂质量。

由表 3-6 喷管质量需求-技术特性质量屋可以看出，喷管喉衬的质量特性重要度最高，而喉衬指标中又以烧蚀率、压缩强度和抗剪强度指标的质量特性重要度分值最高，这与表 3-4 发动机总体质量屋中的分析相对应。根据各技术指标的质量特性重要度（见表 3-6、表 3-7），重要参数有：喉衬制品最终密度、喉衬压缩强度、喉衬抗剪强度、喉衬径向弯曲强度、喉衬径向线膨胀系数、石墨化度、烧蚀质量、喉衬烧蚀率、弹性件抗拉强度、弹性件伸长率、弹性件永久变形、弹性件邵氏硬度、弹性件剪切强度、弹性件剪切模量、粘结面剪切强度、粘结剂剪切强度、扩张段高硅氧/酚醛剪切强度、扩张段高硅氧/酚醛烧蚀率、扩张段碳布/酚醛剪切强度、扩张段碳布/酚醛烧蚀率。

3.3.1.3　应用实例

QFD 方法的强大之处在于它适用于新产品开发的全过程，根据部组件的技术要求质量特性输出，可对零件配置、工艺设计和生产控制进行质量功能展开，如图 3-4 所示，通过这四个阶段，客户需求被逐步展开为设计要求、零部件特性、工艺特性和具体的生产要求。这种方法可以全面、直接、主次分明、多层次地将客户需求展开为各级技术要求。

以喷管喉衬为例，对喉衬工艺特征中的工艺过程控制的质量需求-技术特性重要度进行了分解，见表 3-8。对喉衬生产质量有重要影响的参数有：高温预处理后密度、内热 CVD 密度、CVD 密度总增量、末次石墨化后密度、内表面石墨化度、外表面石墨化度等。

3.3.1.4　小结

在固体火箭发动机设计中，利用质量功能展开这一质量工程技术，从用户方和总体技术需求入手，进行了发动机总体和零部件的质量需求特性逐步展开，建立了固体火箭发动机质量功能展开的模型，对固体火箭发动机整机和部组件的成功数据包络参数进行了识别。

表 3 - 5　燃烧室质量需求 - 技术特性质量屋

燃烧室特性＼技术特性	绝热层							衬层				推进剂							其他要求						
	抗拉强度	伸长率	烧蚀率	密度	断裂强度	界面性能	质量	抗拉强度	断裂伸长率	密度	衬层质量	燃速	压强指数	密度	抗拉强度	伸长率	界面性能	质量	起吊,运输和存放要求	探伤要求	药柱内表面质量要求	称量要求	燃烧室尺寸测量	标记台份号	贮存期
工作时间			○									◎	○					△					△		
平均推力			◎									◎	○					○					△		
比冲												○						△							
装药量				○			△							◎				◎				○	△		
质量比				△			◎			○	◎			○				◎							
加速性												○						◎							
表面要求																								○	
地面使用条件																			○						
飞行力学载荷	◎	◎			◎	◎		◎	◎						◎	◎	◎			△	△				
六性要求	◎	◎			◎	◎		◎	◎						◎	◎	◎			△	△				
贮存性	◎	◎			◎	◎		◎	◎						◎	◎	◎			△	△				
寿命要求																				△	△				△
支付要求																								△	△
维护使用																									
质量需求特性重要度	15	15	8	4	15	15	6	15	15	3	5	16	6	8	15	15	15	20	3	4	4	3	3	4	2
（小计）	78							38				95							23						

注：△—1；○—3；◎—5。

表 3 - 6　喷管质量需求 - 技术特性质量屋

技术特性 ＼ 喷管特性	喉衬													弹性件							
	高温处理后密度	外热CVD后密度	制品最终密度	未次石墨化后密度	石墨化度	压缩强度	抗剪强度	径向弯曲强度	径向线膨胀系数	径向导热系数	比热	φ339烧蚀质量	烧蚀率	抗拉强度	伸长率	永久变形	邵氏硬度	剪切强度	剪切模量	粘结面抗剪强度	粘结剂剪切强度
工作时间	△		○	△	○	○	○	△	○	△	△	○	◎								
平均推力		△	△		○	○			△			○	◎								
比冲		△	△	△	△	△	△	△	△			△	○								
质量比	△		○	△																	
飞行力学载荷						○	○	○	○					◎	◎	△	◎	◎	◎	◎	◎
六性要求						○	○	○	○					◎	◎	△	◎	◎	◎	◎	◎
贮存性						△	△	△						△	△	○				△	△
寿命要求						△	△	△						△	△	○				△	△
维护使用																○				△	
质量需求特性重要度	2	2	8	2	7	13	13	9	11	1	1	7	13	12	12	11	10	10	10	13	12
					89									90							

注：△—1；○—3；◎—5。

表 3 - 7　固体发动机零部组件（燃烧室）质量需求 - 技术特性质量屋

喷管特性＼技术特性	扩张段							外头帽防热环						其他							
	高硅氧布断裂强度	碳布断裂强度	高硅氧/酚醛密度	高硅氧/酚醛剪切强度	高硅氧/酚醛烧蚀率	碳布/酚醛剪切强度	碳布/酚醛密度	高硅氧/酚醛烧蚀率	高硅氧/酚醛剪切强度	高硅氧/酚醛密度	碳布/酚醛密度	碳布/酚醛剪切强度	碳布/酚醛烧蚀率	固定体绝热层烧蚀率	固定体绝热层密度	固定体绝热层剪切强度	背壁绝热层烧蚀率	背壁绝热层密度	背壁绝热层剪切强度	防热套密度	防热套烧蚀率
工作时间				○	○	○		△					△	△			△				△
平均推力				○	○	○															
比冲					△																
质量比			○				○			○	○				○			○		○	
飞行力学载荷	△	△		△		△			△			△				△			△		
六性要求	△	△		△		△			△			△				△			△		
贮存性	△	△		△		△			△			△				△			△		
寿命要求	△	△		△		△			△			△				△			△		
维护使用																					
质量需求特性重要度	4	4	3	10	7	10	3	1	4	3	3	4	1	1	3	4	1	3	4	3	1

各组重要度合计：扩张段 48；外头帽防热环 16；其他 20。

注：△—1；○—3；◎—5。

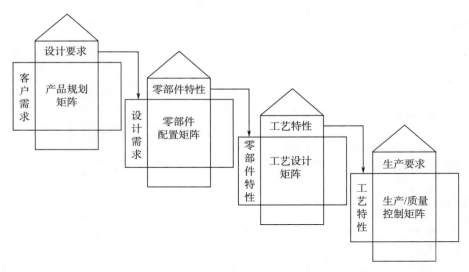

图 3-4　QFD 的 ASI 四阶段模式

3.3.2　故障模式及影响分析

3.3.2.1　方法概述

FMEA 是通过对产品各组成单元可能存在的各种故障模式及其对产品功能的影响进行分析，并把每个可能存在的故障模式按其严酷程度予以分类，确定故障的严酷度、发生概率和其危害性的一种分析方法。其目的在于检查部件功能或过程的故障模式，并确定这些故障对产品的影响。由此得出的信息用于消除问题、评价设计纠正措施和故障检测设计，可用于识别关键的产品和特性。

3.3.2.2　应用过程

由于产品故障可能与设计、制造过程、使用、承包商/供应商以及服务有关，因此 FMEA 又细分为：设计 FMEA（DFMEA）；工艺 FMEA（PFMEA）；设备 FMEA（EFMEA）；软件 FMEA（SFMEA）。其中 DFMEA 和 PFMEA 最为常用。

（1）DFMEA

DFMEA 应在一个设计概念形成之时或之前开始，并且在产品开发各阶段中，当设计有变化或得到其他信息时及时不断地修改，并在图样加工完成之前结束。其评价与分析的对象是最终的产品以及每个与之相关的系统、分系统和零部件。需要注意的是，DFMEA 在体现设计意图的同时还应保证制造或装配能够实现设计意图。因此，虽然 DFMEA 不是靠过程控制来克服设计中的缺陷，但其可以考虑制造/装配过程中技术/客观的限制，从而为过程控制提供良好的基础。进行 DFMEA 有助于：

1）设计要求与设计方案的相互权衡；

2）制造与装配要求的最初设计；

3）提高在设计/开发过程中考虑潜在故障模式及其对系统和产品影响的可能性；

表 3 - 8　喷管喉衬工艺过程控制的质量需求 - 技术特性质量屋

工艺特性　＼　喷管喉衬特性	工艺过程								
	高温预处理后密度	内热 CVD 后密度	CVD 密度	CVD 密度总增量	末次石墨化后密度	制品最终密度	高压碳化周期	内表面石墨化度	外表面石墨化度
高温处理后密度	◎					△			
外热 CVD 后密度			○	○		△			
制品最终密度						◎			
末次石墨化后密度	○	○	○	○	◎	△	○		
石墨化度							△	○	○
压缩强度							△	△	△
抗剪强度							△	△	△
径向弯曲强度							△	△	△
径向线膨胀系数							△		
径向导热系数						△	△	△	△
比热								△	△
烧蚀质量	△	◎	△	△	○	○		○	○
烧蚀率	○	◎	○	○	○	○		○	○
质量需求特性重要度	12	13	10	10	11	15	9	14	14

注：△—1；○—3；◎—5。

108

4）为制订全面、有效的设计试验计划和开发项目提供更多的信息；

5）建立一套改进设计和开发试验的优先控制系统；

6）为将来分析研究现场情况、评价设计更改以及开发更先进的设计提供参考。

（2）PFMEA

PFMEA 应在生产工装准备之前、在过程可行性分析阶段或之前开始，要考虑从单个零件到总成的所有制造过程。其评价与分析的对象是所有新的部件/过程、更改过的部件/过程及应用或环境有变化的原有部件/过程。需要注意的是，虽然 PFMEA 不是靠改变产品设计来克服过程缺陷，但它要考虑与计划装配过程有关的产品设计特性参数，以便最大限度地保证产品满足用户的要求和期望。

PFMEA 一般包括下述内容：

1）确定与产品相关的过程潜在故障模式；

2）评价故障对用户的潜在影响；

3）确定潜在制造或装配过程的故障起因，确定减少故障发生或找出故障条件的过程控制变量；

4）编制潜在故障模式分级表，建立纠正措施的优选体系；

5）将制造或装配过程文件化。

3.3.2.3　应用实例

（1）应用背景

某点火器主要由电爆管及壳体组件组成，产品结构示意图见图 3-5。

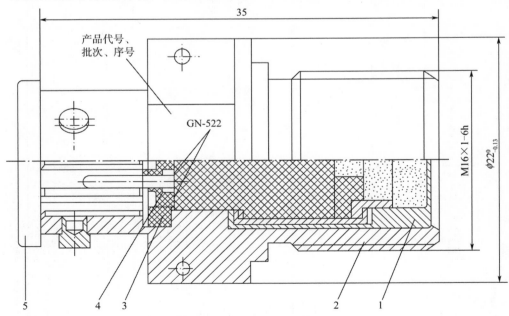

图 3-5　某点火器结构简图

1—电爆管；2—壳体组件；3—橡胶圈；4—字序橡胶垫；5—短路帽

工作原理：某点火器通入额定发火电流后，产品桥带发热，引爆起爆药，起爆药点燃主装药，输出高温高压燃气，完成预定功能。

（2）应用过程

①确定主要技术指标要求及设计工艺参数

根据产品任务书要求，确定主要的技术指标要求及设计工艺参数，某点火器任务书要求的主要性能指标见表 3 - 9。

表 3 - 9　任务书要求的主要参数汇总表

序号	项目名称	主要特性参数	备注
1	电连接	与电连接器的匹配参数	—
2	桥路电阻	双桥，每桥桥路电阻 X Ω	—
3	绝缘电阻	不小于 X MΩ（常态）	—
4	安全性能	1 A、1 W、5 min	—
5	发火时间	单桥通直流电流值，从通电到发火的时间不大于 X ms	—
6	输出能量	X MPa/mL	—
7	大电流发火	室温条件下，单桥通直流（$X \pm 1$）A，产品可靠发火	—
8	可靠性	0.999 8（$c = 0.95$）	—
9	贮存寿命	8 年（确定的贮存环境）	—

②产品特性梳理

为达到规定的主要技术要求，点火器主要设计及工艺参数见表 3 - 10。

表 3 - 10　产品主要设计工艺参数汇总表

序号	零件代号、名称	主要设计参数	工艺和产品实现过程的主要参数
1	0 - 0 点火器	螺纹规格，插座与某插头互换	产品总装完成后对产品外形、接口尺寸进行检测，与插头进行互换检查
2		桥路电阻：双桥，每桥电阻 X Ω	产品总装完成后 100% 检测桥路电阻
3		绝缘电阻：不小于 X MΩ	产品总装完成后 100% 检测绝缘电阻
4		低压静电：串联电阻 X Ω，X pF 电容充电 X V，极针对壳体应迅速泄放静电	产品总装完成后 100% 进行低压静电检查
5		高压静电：串联电阻 X Ω，X pF 电容充电 X kV，极针对壳体放电，产品不应发火或失效	产品总装完成后 100% 进行高压静电检查
6		介质耐压：X V 直流电压 1 min，短路的极针与壳体之间漏电流不应大于 X mA	产品总装完成后 100% 进行介质耐压检查

续表

序号	零件代号、名称	主要设计参数	工艺和产品实现过程的主要参数
7	1-0 电爆管	桥路电阻:双桥,每桥电阻 X Ω	组件装配完成后100%检测桥路电阻
8		绝缘电阻:不小于 X MΩ	组件装配完成后100%检测绝缘电阻
9		低压静电:串联电阻 X Ω、X pF 电容充电 X V,极针对壳体应迅速泄放静电	组件装配完成后100%进行低压静电检查
10		高压静电:串联电阻 X Ω、X pF 电容充电 X kV,极针对壳体放电,产品不应发火或失效	组件装配完成后100%进行高压静电检查
11		介质耐压:X V 直流电压 1min,短路的极针与壳体之间漏电流不应大于 X mA	组件装配完成后100%进行介质耐压检查
12	1-10 盖帽组件	YH08:(X ±2)mg,定位压药	称药: 　1. 用感量不大于 X mg 的天平,检查天平完好并在校验期内; 　2. 首检称药量,100%自检称药量,10%抽检称药量; 　3. 压药前后清点药剂份数。 压药: 　1. 检查压力符合要求; 　2. 试模检查模具完好; 　3. 成品 100%射线检测
13	1-11 盖帽	盖帽底部膜片破裂压力:(X ±1.3)MPa	1. 进行工艺试验:先将盖帽底部厚度按 0.01 间距分组,然后在分组内按 12 件一小组分小组,然后刻痕试验,每 12 件一小组刻痕,刻痕后抽 2 件做破裂试验,验证破裂压力应满足要求; 　2. 每批抽约 16%进行破裂试验
14		外径 $\phi X_{+0.033}^{+0.051}$ mm	1. 粗车外圆为 ϕX ±0.1 mm;半精车外圆为 $\phi X_{0}^{+0.05}$ mm;精车外圆成形 $\phi 11.8_{+0.023}^{+0.035}$ mm; 　2. 数字式千分尺 100%检测
15	1-20 发火件	桥路电阻:双桥,每桥电阻 X Ω	组件装配完成后100%检测桥路电阻
16		绝缘电阻:不小于 X MΩ	组件装配完成后100%检测绝缘电阻
17		低压静电:串联电阻 X Ω、X pF 电容充电 X V,极针对壳体应迅速泄放静电	组件装配完成后100%进行低压静电检查
18		QB01:(X±1)mg;(X±20)N	称药: 　1. 用感量不大于 X mg 的天平,检查天平完好并在校验期内; 　2. 首检称药量,100%自检称药量,10%抽检称药量; 　3. 压药前后清点药剂份数。 压药: 　1. 检查压力符合要求; 　2. 试模检查模具完好; 　3. 记录药量、压力; 　4. 成品 100%射线检测
19		YH08:(X±2)mg;(X±20)N	

续表

序号	零件代号、名称	主要设计参数	工艺和产品实现过程的主要参数
20	11－10 焊桥件	桥路电阻:双桥,每桥电阻 $X\ \Omega$	1. 焊接前极针端头去氧化层; 2. 按硅青铜极针的焊接参数调整焊接设备; 3. 试焊 X 发; 4. 首检 X 发焊接牢固,每 X 发为一组,取每组最后一发做破坏性检查; 5. 100% 自检点焊应无虚焊、击穿和凸尖; 6. 用低电阻测试仪测试,100% 自检,10% 抽检
21		静电筛选: $X\ \mu F$ 充电检查桥带与管壳间的泄放电压; $X\ V$ 不应泄放, $X\ Y$ 应泄放	焊桥后 100% 进行静电筛选
2223	2－11 壳体	$MX \times 1$－$6\ h$	1. 先粗车、再精车外圆至 $\phi16^{\ 0}_{-0.18}$ mm;车螺纹成形 $MX \times 1$－$6\ h$ 2. 螺纹环规 100% 检测
24		内径 $\phi X^{+0.027}_{\ 0}$ mm	1. 钻中心孔 A3;钻扩、粗镗,精镗孔成形 $\phi X^{+0.027}_{\ 0}$ mm 2. 光面塞规 100% 检测
		硬度:32～37 HRC	1. 淬火装炉量 $\leqslant X$; 2. 淬火温度 $(X \pm 10)$ ℃,保温时间 X min; 3. 回火装炉量 $\leqslant X$; 4. 回火温度 $(X \pm 20)$ ℃,保温时间 X min

③约定层次

此处采用硬件分析法进行分析。

初始约定层次:火箭全箭。

约定层次:点火器。

最低约定层次:零部组件级。

④任务阶段划分

根据火箭发射及飞行过程,重点针对飞行阶段开展 FMEA 工作。

⑤严酷度分类

GJB/Z 1391《故障模式、影响及危害性分析指南》规定的严酷度类别见表 3－11。

表 3－11　严酷度类别

严酷度类别	说明
Ⅰ类(灾难的)	引起人员死亡或产品(如飞机、坦克、导弹及船舶等)毁坏,重大环境损害
Ⅱ类(致命的)	引起人员严重受伤或重大经济损失或导致任务失败、产品严重损坏及严重环境损害
Ⅲ类(中等的)	引起人员的中等程度伤害或中等程度的经济损失或导致任务延误或降级、产品中等程度的损坏及中等程度环境损害
Ⅳ类(轻度的)	不足以导致人员伤害或轻度的经济损失或产品轻度损坏及环境损害,但它会导致非计划性维护或修理

⑥发生可能性

故障模式发生可能性等级判别准则见表 3 - 12。

表 3 - 12　故障模式发生可能性判别准则（单机产品）

产品类别	分析维度	发生可能性等级				
		A	B	C	D	E
火工品	历史故障次数（本单位类似产品）	5 次或以上	4 次	2～3 次	1 次	0 次
	裕度设计是否满足 GJB 1307A 的相关要求					满足
	新技术/新材料（含器件）/新工艺			有,且未经飞行试验验证考核	有,且未经地面试验验证考核	无
	可靠性试验、设计验证试验、设计鉴定试验				未开展	已开展

⑦可靠性框图

点火器飞行阶段可靠性功能框图如图 3 - 6 所示。

图 3 - 6　点火器飞行阶段可靠性功能框图（局部）

⑧FMEA 结果

（a）历史故障模式

该点火器在靶场测试及飞行试验中未出现过故障,该点火器在地面检测出现的技术问题见表 3 - 13。

表 3 - 13　某点火器 D 阶段质量问题统计表

序号	问题名称	问题现象	问题原因	解决措施
1	点火器出现绝缘电阻为零	某火箭试验队反映:某点火器产品在测试时出现绝缘电阻为零的现象	插塞对管壳内壁的镀银层刮削所致(在靠近静放电通道的倒角处,发现一处有长度约 1 mm 长的金属丝)	安装的工装保证,即多余物检查和振动筛选检查

（b）FMEA 结果统计

点火器飞行阶段的 FMEA 结果统计见表 3 - 14。

表 3 - 14　FMEA 结果统计

产品名称	严酷度	飞行阶段	
		故障模式数量	单点故障模式数量
某点火器	Ⅰ	0	0
	Ⅱ	3	3

在 FMEA 基础上确定某点火器可靠性关键项目见表 3 - 15。

表 3 - 15　某点火器可靠性关键重要项目清单

序号	产品名称	关键故障模式	故障原因	最终故障影响	严酷度等级	设计、工艺控制措施
1	电爆管	意外发火	系统意外供电、静电、射频	影响二三级分离	Ⅱ	1. 点火器采用防静电、防射频设计,满足 1A、1W、5 min 不发火不失效的要求; 2. 批验收抽检
		不发火	电流输入异常、桥带损伤、桥区污染、装药错误、主装药未被点燃	二级未反推	Ⅱ	1. 设计措施:将桥路电阻、绝缘电阻、静电筛选作为重要因素加以控制; 2.100%检查焊桥件、装药件、电爆管、点火器的桥路电阻、绝缘电阻、静电性能,装配时抽检药剂重量; 3. 使用说明书中规定产品使用的发火电流
		性能变化或结构破坏	密封不好、桥带受损、桥区污染、极针与壳体间绝缘性能下降、盖帽底部破裂压力不合格	影响二三级分离	Ⅱ	1. 设计措施:将桥路电阻、绝缘电阻、静电筛选、盖帽底部破裂压力作为重要因素加以控制; 2.100%检查焊桥件、装药件、电爆管桥路电阻、绝缘电阻、静电性能;抽检盖帽底部破裂压力;使用合格药剂进行装配,装配前烘干;原材料入厂复验合格后用于生产
2	盖帽	性能变化或结构破坏	密封不好、盖帽底部破裂,压力不合格	影响二三级分离	Ⅱ	1. 设计措施:将盖帽外径、底部破裂压力作为重要因素加以控制; 2. 进行工艺试验并抽检盖帽底部破裂压力; 3. 全检盖帽外径
3	发火件	不发火	桥带损伤、桥区污染、装药错误	二级未反推	Ⅱ	1. 设计措施:将桥路电阻、绝缘电阻、静电检查作为重要因素加以控制; 2.100%检查桥路电阻、绝缘电阻、静电性能; 3. 装配时抽检药剂重量
		性能变化或结构破坏	桥带受损、桥区污染、极针与壳体间绝缘性能下降	影响二三级分离	Ⅱ	1. 将桥路电阻、绝缘电阻、静电检查作为重要因素加以控制; 2.100%检查桥路电阻、绝缘电阻、静电性能
4	焊桥件	不发火	桥带损伤、桥区污染	二级未反推	Ⅱ	1. 将桥路电阻、绝缘电阻、静电检查作为重要因素加以控制; 2.100%检查桥路电阻、绝缘电阻、静电性能; 3. 焊桥时进行试焊并进行破坏性检查
		性能变化或结构破坏	桥带受损、桥区污染、极针与壳体间绝缘性能下降	影响二三级分离	Ⅱ	1. 将桥路电阻、绝缘电阻、静电检查作为重要因素加以控制; 2.100%检查桥路电阻、绝缘电阻、静电性能; 3. 焊桥时进行试焊并进行破坏性检查

续表

序号	产品名称	关键故障模式	故障原因	最终故障影响	严酷度等级	设计、工艺控制措施
5	壳体	性能变化或结构破坏	密封不好	影响二三级分离	Ⅱ	1. 将螺纹尺寸、内径、硬度作为重要因素加以控制； 2. 100%检查内径、硬度，100%检查螺纹环规通过

⑨FMEA 确定的关键参数

根据产品 FMEA 结果，确定的产品关键参数见表 3 - 16。

表 3 - 16　产品 FMEA 确定的关键参数汇总表

序号	产品代号	关键特性名称	关键、重要内容	备注
1		桥路电阻	双桥，每桥电阻 X Ω	可量化
2		绝缘电阻	不小于 X MΩ	—
3	X - XA	高压静电	串联电阻 X Ω、X pF 电容充电 X kV，极针对壳体放电，产品不应发火或失效	—
4		安全性	1A、1W、5min	—
5		发火时间	$\leqslant X$ ms	可量化
6		峰值压力	X MPa/mL	可量化

3.3.3　故障树分析

3.3.3.1　方法概述

故障树分析是产品（系统）可靠性和安全性分析的工具之一，用来寻找导致不希望的系统故障或灾难性危险事件（顶事件）发生的所有原因和原因组合，在具有基础数据时求出顶事件发生的概率及其他定量指标。故障树也是分析已经发生的事故的一种基本方法。

3.3.3.2　应用过程

采用故障树分析法确定包络分析对象的主要步骤如下：

1）根据任务书要求，找出产品需要实现的功能及主要技术指标要求；

2）根据产品功能确定故障树的顶事件；

3）按故障树分析方法给出故障树并分析到最底层的底事件；

4）对底事件发生的可能性及危害程度进行综合评价；

5）筛选出评价等级高的Ⅰ、Ⅱ类底事件对应的关键特性参数；

6）分析筛选出的关键特性参数是否可量化；

7）将可量化的关键特性参数作为包络分析对象，非可量化的提出控制要求。

这里以固体小火箭发动机为例说明故障树分析方法在航天产品飞行成功子样数据包络分析中的应用。

3.3.3.3 应用实例

（1）应用背景

固体小火箭通常由点火器、壳体、药盒组件、压紧弹簧、药柱、挡药板、密封圈、紧定螺钉和喷管等组成，典型结构如图 3-7 所示。

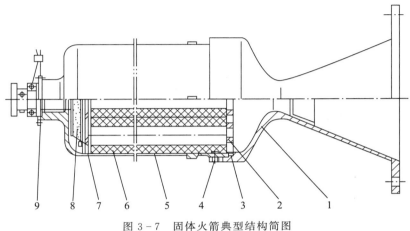

图 3-7 固体火箭典型结构简图

1—喷管；2—挡药板；3—密封圈；4—紧定螺钉；5—壳体；6—药柱；7—压紧弹簧；8—药盒；9—点火器

工作原理：点火器通入额定电流后发火，输出能量点燃火箭内装点火药盒，点火药盒点燃药柱，药柱燃烧，产生大量气体，从喷管喷出产生推力，完成预定功能。

根据固体小火箭研制任务书及设计、生产过程分析，梳理出一般情况下产品为了达到任务书规定的主要技术指标要求的设计及工艺参数，详见表 3-17。

表 3-17 固体小火箭特性参数汇总表

序号	零件名称	主要设计参数	工艺和产品实现过程的主要参数
1		推力、总冲、工作时间等	—
2		外形及接口尺寸	总装完成后对外形、接口尺寸进行检测
3	固体小火箭	药柱数量及长度	加工时内孔公差等级，装配时选取长度差异较小的为一组进行装配
4		气密检测压强、时间	生产中检测合格
5		材料	按材料标准进行入厂复验，然后进行下料
6		热处理硬度	淬火温度、时间，回火温度、时间
7	挡药板	表面处理	控制槽液组分含量
8		厚度	生产中检测合格
9		结构形式	生产中检测合格
10	密封垫	材料	按材料标准进行入厂复验，然后进行下料
11	药柱	材料	药柱燃速、药柱比冲
12		结构尺寸	生产中检测合格

续表

序号	零件名称	主要设计参数	工艺和产品实现过程的主要参数
13	压紧弹簧	材料	按材料标准进行入厂复验，然后进行下料
14		热处理硬度	淬火温度、时间,回火温度、时间
15		表面处理	控制槽液组分含量
16		结构尺寸	生产中检测合格
17	喷管组件	绝热胶片粘接与硫化要求	粘接温度、时间、压强
18		气密检测压强、时间	生产中检测合格
19	喷管	结构尺寸	生产中检测合格
20		喷管喉部尺寸为暂定,根据工艺试验结果可调整	每批产品先按照设计推荐的尺寸加工 3 件并一一对应实测、记录喉径尺寸； 将上述产品装配好后进行发火试验,试验合格后,确定当批喉径值($D\pm0.03$)mm
21		材料	按材料标准进行入厂复验,磁力探伤
22		热处理硬度	淬火温度、淬火时间、回火温度、回火时间
23		表面处理	控制槽液组分含量
24		耳片部位段粗后加工	锻件退火后硬度,表面缺陷层深度,无裂纹,外圆间的同轴度
25	堵盖	结构尺寸	模具保证,生产中检测合格
26	壳体组件	绝热胶片粘接与硫化要求	搭接要求,粘接温度、时间、压强
27	壳体	材料	按材料标准进行入厂复验,磁力探伤
28		热处理硬度	淬火温度、淬火时间、回火温度、回火时间
29		表面处理	控制槽液组分含量
30		壳体液压强度	液压强度试验合格
31		结构尺寸	生产中检测合格
32	药盒组件	装药类型	药剂复验合格
33		装药量	天平感度,有效期,环境温湿度
34		药剂水分含量	烘药,水分分析
35	支架	材料	按材料标准进行入厂复验
36		热处理硬度	淬火温度、淬火时间、回火温度、回火时间
37		表面处理	控制槽液组分含量
38	盒	材料	按材料标准进行入厂复验
39		结构尺寸	水煮时间,爆压时间
40	盖	材料	按材料标准进行入厂复验

　　根据火工装置成功数据包络分析研究对象的确定要求，需选取关键产品实现过程中可定量检验的关键特性参数作为研究对象，用故障树分析方法进行关键特性识别与筛选。

（2）应用过程

①分析目的及故障判据

分析目的：通过故障树分析，找出产品设计、生产及使用过程中可能导致火工装置发生故障的影响因素。

故障判据：火工装置未完成预定功能即判定为产品故障。

②确定故障顶事件

根据小型固体火箭的任务书要求、产品结构及工作原理，确定产品可能的故障顶事件主要有四种，包括：工作解体、未点燃、性能参数超差、意外工作。

1）工作解体是指小型固体火箭结构发生分离、破坏；

2）未点燃是指小型固体火箭无输出；

3）性能参数超差是指小型固体火箭的输出性能参数，如平均推力、工作时间、总冲等超出了任务书的要求范围；

4）意外工作是指小型固体火箭未收到弹上控制系统点火信号，由外界环境引起的非正常发火。

③建造故障树

分别以小型固体火箭类产品的四种故障模式作为顶事件，找出可能导致顶事件发生的所有底事件，如图 3-8～图 3-11 所示。

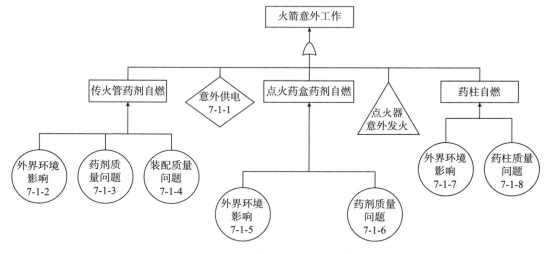

图 3-8　小型固体火箭意外工作故障树

④故障树分析

列出所有底事件，对各底事件提出相应的控制措施。根据各底事件的影响程度及发生概率进行综合评价，火工装置技术风险分析综合评价准则具体要求见表 3-18～表 3-21。

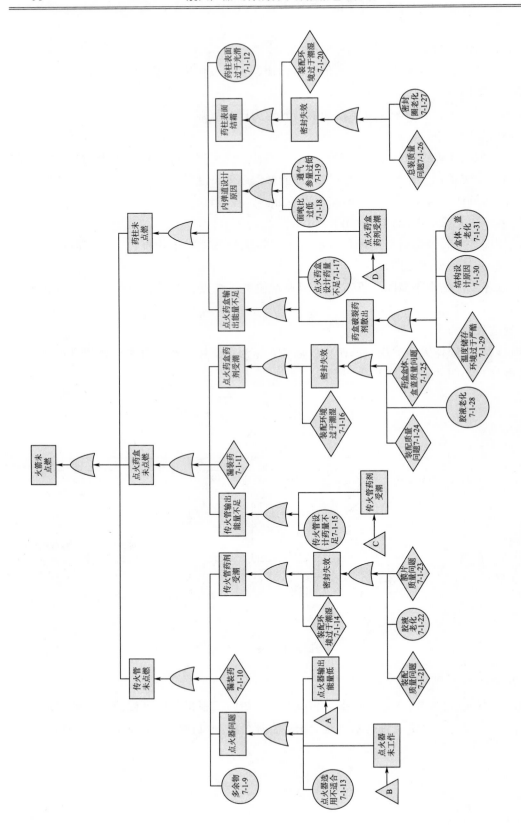

图 3 - 9　小型固体火箭未点燃故障树

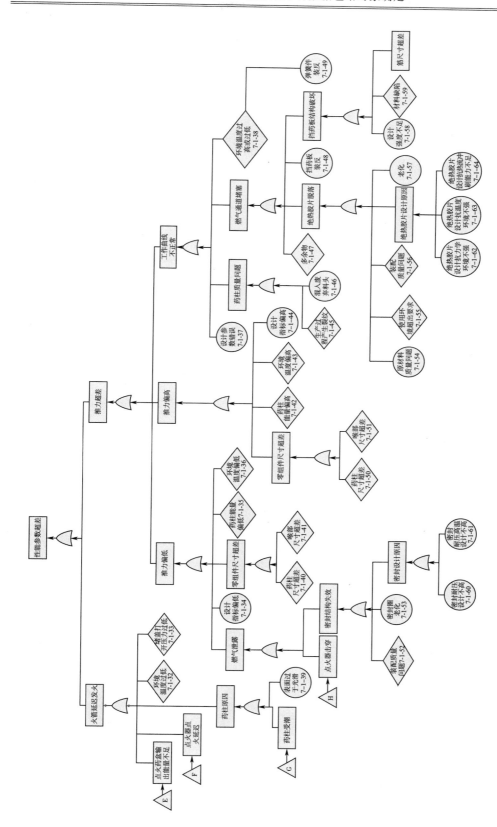

图 3 - 10　小型固体火箭性能参数超差故障树

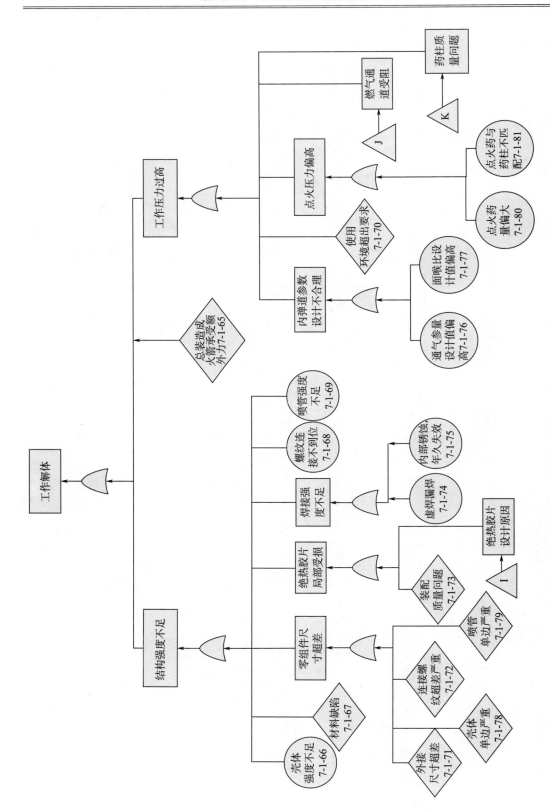

图 3 - 11　小型固体火箭工作解体故障树

表 3 - 18　风险严重性等级分类

程度	分类	风险严重性程度描述
灾难的	A	1. 飞行试验失败(含飞行试验大纲中规定的不满足"圆满成功""成功""部分成功"条件的); 2. 阶段任务无法完成或达不到任务目标; 3. 总体技术方案出现颠覆; 4. 系统严重毁坏或全部功能丧失且无法修复; 5. 人员死亡
严重的	B	1. 飞行试验未达到主要试验目的,导弹/火箭部分功能丧失(含飞行试验大纲中规定的不满足"圆满成功""成功"条件的,只满足"部分成功"条件的); 2. 影响飞行试验任务转场、发射窗口推迟等重大节点; 3. 阶段任务部分完成或仅达到部分任务目标,且未达到的目标是任务的主要考核目标; 4. 分系统或重要单机技术方案出现颠覆或重大反复; 5. 系统毁坏或主要功能丧失且无法修复; 6. 人员严重伤害
轻度的	C	1. 阶段主要任务完成或达到的目标仅为任务的主要考核目标; 2. 系统轻度损坏或主要功能丧失且可以修复; 3. 影响飞行试验任务进度 3 天以上或影响型号研制、生产 10 天以上; 4. 人员轻度伤害
轻微的	D	1. 系统极轻微损坏或仅次要功能丧失且可以立即修复; 2. 无人员伤害

表 3 - 19　风险可能性等级分类

程度	等级	风险可能性程度表述
极有可能	a	未经飞行试验考核,且地面试验不充分,也没有成熟的理论分析方法,连最坏情况分析都无法进行,只能靠飞行考核的项目
可能	b	未经飞行试验考核,且地面试验不充分,也没有成熟的理论分析方法,但经过了最坏情况分析。 虽经过飞行试验考核,但飞行结果中存在临界状态
很少	c	未经飞行试验考核,且地面试验不充分(包括地面试验出现的影响飞行试验的问题经过了设计改进和确认),但经过了成熟的理论分析; 虽经过飞行试验考核,但飞行中发生的问题采取措施后,未经过充分的地面试验验证,但经过了成熟的理论分析
极少	d	未经飞行试验考核,但经过充分的地面试验验证。充分的地面试验验证指:试验项目和内容的制定,符合研制或飞行试验的技术要求,且通过评审,包括:试验的环境条件与上天环境条件一致(即能模拟上天飞行状态)、试验的边界条件能模拟上天飞行状态、产品的状态与飞行试验的状态一致、地面试验的次数足够;试验结果满足试验大纲的要求,且通过评审。 虽经过飞行试验考核,但考核不充分

表 3 - 20　风险综合评级矩阵

严重性等级 可能性等级	A(灾难的)	B(严重的)	C(轻度的)	D(轻微的)
a(极有可能)	Aa	Ba	Ca	Da
b(可能)	Ab	Bb	Cb	Db
c(很少)	Ac	Bc	Cc	Dc
d(极少)	Ad	Bd	Cd	Dd

表 3 - 21　风险综合评价等级

程度	综合等级	风险综合评价指数	备注
高度风险	Ⅰ	Aa Ab Ba Bb	关键技术风险项目
较高风险	Ⅱ	Ac Bc Ca Cb	
中度风险	Ⅲ	Ad Bd Cc Da Db	一般技术风险项目
低度风险	Ⅳ	Cd Dc Dd	

⑤根据综合评价准则，进行故障树分析，详见表 3 - 22。

表 3 - 22　故障树底事件分析汇总表

序号	底事件编号	底事件内容	设计控制措施	过程控制措施	检测要求	综合评价	备注
1	7 - 1 - 1	意外供电	总体控制	—	—	—	
2	7 - 1 - 2	外界环境影响造成传火管药剂自燃	选用药剂自燃温度应高于环境温度 30℃ 以上；结构上防止药剂发生相对位移	控制压药压力，相关零件安装到位	压药压力检查，到位情况检查	Ⅳ	
3	7 - 1 - 3	传火管药剂质量问题造成自燃	—	控制药剂质量	检查药剂质量	Ⅳ	
4	7 - 1 - 4	传火管装配质量问题造成药剂自燃	结构上防止药剂发生相对位移	控制装配质量	检查装配质量	Ⅳ	
5	7 - 1 - 5	外界环境影响造成点火药盒药剂自燃	选用药剂自燃温度应高于环境温度 30 ℃ 以上；结构上防止药剂发生相对位移	控制压药压力，相关零件安装到位	压药压力检查，到位情况检查	Ⅳ	火箭意外工作
6	7 - 1 - 6	点火药盒药剂质量问题造成自燃	—	控制药剂质量	检查药剂质量	Ⅳ	
7	7 - 1 - 7	外界环境影响造成药柱自燃	选用药剂自燃温度应高于环境温度 30℃ 以上；结构上防止药剂发生相对位移	控制压药压力，相关零件安装到位	压药压力检查，到位情况检查	Ⅳ	
8	7 - 1 - 8	药柱质量问题造成自燃	—	控制药剂质量	检查药剂质量	Ⅳ	

续表

序号	底事件编号	底事件内容	设计控制措施	过程控制措施	检测要求	综合评价	备注
9	7-1-9	多余物	明确不允许堵塞重要传火通道	控制加工及装配质量	检查加工及装配质量	IV	
10	7-1-10	传火管漏装药	明确装药状态	控制装药状态	装药现场检查,射线无损检查	IV	
11	7-1-11	点火药盒漏装药	明确装药状态	控制装药状态	装药现场检查	IV	
12	7-1-12	药柱表面过于光滑	明确表面粗糙度	控制表面粗糙度	通过样片检验	III	
13	7-1-13	点火器选用不适合	选用适用主装药的点火器	控制主装药质量	主装药剂质量检查	IV	
14	7-1-14	传火管装配环境过于潮湿	明确环境要求	控制环境要求	环境条件检查	IV	
15	7-1-15	传火管设计药量不足	药量计算及点火裕度试验	控制药剂质量及装药状态	检查药剂质量及装药状态	II	
16	7-1-16	点火药盒装配环境过于潮湿	明确环境要求	控制环境要求	环境条件检查	IV	火箭未点燃
17	7-1-17	点火药盒设计药量不足	药量计算及点火裕度试验	控制药剂质量及装药状态	检查药剂质量及装药状态	II	
18	7-1-18	面喉比过低	根据选用的药柱确定面喉比	控制药柱及喷管喉部尺寸	检查药柱及喷管喉部尺寸	IV	
19	7-1-19	通气参量过低	通过药柱型面设计控制通气参量	控制壳体及药柱相关尺寸	检查壳体及药柱相关尺寸	IV	
20	7-1-20	药柱装配环境过于潮湿	明确环境要求	控制环境要求	环境条件检查	IV	
21	7-1-21	传火管装配质量问题	明确密封胶液涂敷部位	控制涂胶质量	检查涂胶质量	IV	
22	7-1-22	传火管密封胶液老化	选用适用密封胶	控制胶液质量及总装质量	检查胶液质量及装配质量	IV	
23	7-1-23	传火管膜片质量问题	选用适用膜片	控制加工、周转及装配过程中的保护	检查膜片外观质量	IV	
24	7-1-24	点火药盒装配质量问题	明确密封胶液涂敷部位	控制涂胶质量	检查涂胶质量	IV	
25	7-1-25	药盒盒体、盖质量问题	选用适用材料	控制材料性能及成形工艺	原材料复验,成形工艺参数检查	III	

续表

序号	底事件编号	底事件内容	设计控制措施	过程控制措施	检测要求	综合评价	备注
26	7-1-26	总装质量问题	明确安装力矩及气密检查要求	控制安装力矩	进行气密检查、射线无损检查	Ⅱ	火箭未点燃
27	7-1-27	密封圈老化	选用适用密封圈	控制密封圈质量及装配质量	密封圈原材料检查、装配质量检查、射线无损检查	Ⅳ	
28	7-1-28	点火药盒密封胶液老化	选用适用密封胶	控制胶液质量及总装质量	检查胶液质量及装配质量	Ⅳ	
29	7-1-29	温度储存环境过于严酷	选用适用的点火药盒材料	控制材料质量及相关环境温度	检查材料质量及相关环境温度	Ⅳ	
30	7-1-30	产品结构设计原因	避免因尺寸干涉及环境应力造成药盒破裂	控制相关尺寸及环境应力	检查相关尺寸及环境应力	Ⅲ	
31	7-1-31	点火药盒体、盖老化	选用适用材料	控制原材料质量及装配质量	检查原材料质量及装配质量	Ⅳ	
32	7-1-32	环境温度过低造成延迟发火	综合考虑点火器、点火药盒、传火管及药柱性能进行匹配设计并进行相关匹配试验	控制相关环节的加工、装配质量	检查相关环节的加工、装配质量及环境温度	Ⅲ	火箭性能参数超差
33	7-1-33	堵盖打开压力过低	设计计算及选用适用粘结剂	控制加工尺寸及粘结过程	检查相关尺寸及粘结质量，检测堵盖打开压力	Ⅱ	
34	7-1-34	设计指标偏低	设计计算，严格设计文件的校对、审核	—	—	Ⅲ	
35	7-1-35	药柱能量偏低	选用工艺性能稳定、经过鉴定的药柱	控制药柱生产过程	检查药柱生产过程，射线无损检查，进行内弹道性能检测	Ⅱ	
36	7-1-36	环境温度偏低造成推力偏低	选用适用药柱	控制环境温度	检查环境温度	Ⅳ	
37	7-1-37	设计参数错误造成工作曲线不正常	设计计算，严格设计文件的校对、审核	—	—	Ⅲ	
38	7-1-38	环境温度过高或过低造成工作曲线不正常	选用适用药柱	控制环境温度	检查环境温度	Ⅳ	

续表

序号	底事件编号	底事件内容	设计控制措施	过程控制措施	检测要求	综合评价	备注
39	7-1-39	药柱表面过于光滑	明确表面粗糙度	控制表面粗糙度	通过样片检验	Ⅲ	
40	7-1-40	药柱尺寸超差造成推力偏低	—	明确加工方法及环境条件	检查环境条件、药柱尺寸	Ⅲ	
41	7-1-41	喷管喉部尺寸超差造成推力偏低	—	明确加工方法	检查喷管喉部尺寸	Ⅱ	
42	7-1-42	药柱能量偏高	选用工艺性能稳定、经过鉴定的药柱	控制药柱生产过程	检查药柱生产过程，射线无损检查，内弹道性能检测	Ⅱ	
43	7-1-43	环境温度偏高造成推力偏高	选用适用药柱	控制环境温度	检查环境温度	Ⅳ	
44	7-1-44	设计指标偏高	设计计算，严格设计文件的校对、审核	—	—	Ⅲ	火箭性能参数超差
45	7-1-45	药柱生产过程产生裂纹	选用工艺性能稳定、经过鉴定的药柱	控制药柱生产过程	检查药柱生产过程，射线无损检查，内弹道性能检测	Ⅱ	
46	7-1-46	药柱生产过程中混入废弃料头		控制药柱生产过程	检查药柱生产过程，射线无损检查，内弹道性能检测	Ⅱ	
47	7-1-47	多余物堵塞燃气通道	明确不允许堵塞重要传火通道	零件去毛刺、清洗，控制装配环境	检查是否存在毛刺，是否清洗干净，装配环境检查，射线无损检查	Ⅲ	
48	7-1-48	挡药板装反堵塞燃气通道	明确装配方向	控制装配过程	检查装配方向	Ⅲ	
49	7-1-49	弹簧件装反堵塞燃气通道	明确装配方向	控制装配过程	检查装配方向	Ⅲ	
50	7-1-50	药柱尺寸超差造成推力偏高		明确加工方法及环境条件	检查环境条件、药柱尺寸	Ⅲ	

续表

序号	底事件编号	底事件内容	设计控制措施	过程控制措施	检测要求	综合评价	备注
51	7-1-51	喷管喉部尺寸超差造成推力偏高	—	明确加工方法	检查喷管喉部尺寸	Ⅱ	
52	7-1-52	装配质量问题造成密封失效	明确安装力矩及气密检查要求	控制安装力矩	进行气密检查、射线无损检查	Ⅱ	
53	7-1-53	密封圈老化	选用适用材料	控制原材料质量及装配质量	检查原材料质量及装配质量	Ⅳ	
54	7-1-54	绝热胶片质量问题	选用工艺性能稳定的材料	控制生产质量	检查原材料质量,进行粘接工艺检查	Ⅳ	
55	7-1-55	使用环境超出要求造成绝热胶片脱落	选用适用绝热胶片	控制绝热胶片粘结质量及环境条件	检查粘结质量及环境条件	Ⅳ	
56	7-1-56	装配质量问题造成绝热胶片脱落	严格设计,避免尺寸干涉	明确装配流程及注意事项	检查装配过程	Ⅱ	
57	7-1-57	绝热胶片老化	选用适用材料	控制原材料质量及粘结质量	检查原材料质量及粘结质量	Ⅳ	火箭性能参数超差
58	7-1-58	挡药板设计强度不足	强度计算并进行相关裕度试验	控制原材料及加工质量	检查原材料及加工质量	Ⅲ	
59	7-1-59	挡药板材料缺陷	—	控制原材料质量	检查原材料	Ⅲ	
60	7-1-60	密封耐压设计不高	选用适用的密封圈及密封结构	控制相关尺寸的加工精度	检查相关尺寸、射线无损检查	Ⅳ	
61	7-1-61	密封耐压高温设计不高	选用适用的密封圈及密封结构	控制相关尺寸的加工精度	检查相关尺寸、射线无损检查	Ⅳ	
62	7-1-62	绝热胶片设计抗力学环境不强	选用适用的绝热胶片	控制原材料质量	检查原材料	Ⅳ	
63	7-1-63	绝热胶片设计抗温度环境不强	选用适用的绝热胶片	控制原材料质量	检查原材料	Ⅳ	
64	7-1-64	绝热胶片设计抗热流冲刷能力不足	选用适用的绝热胶片	控制原材料质量	检查原材料	Ⅳ	

续表

序号	底事件编号	底事件内容	设计控制措施	过程控制措施	检测要求	综合评价	备注
65	7-1-65	总装造成火箭承受额外力	总体控制	—	—	—	
66	7-1-66	壳体强度不足	设计计算并进行相关裕度试验	控制加工尺寸及装配质量	检查加工尺寸及装配质量	Ⅱ	
67	7-1-67	材料缺陷	选用性能稳定的原材料	控制材料生产过程	检查原材料	Ⅲ	
68	7-1-68	螺纹连接不到位	优化设计结构,避免加工变形	控制装配质量	检查相关尺寸链,射线无损检测	Ⅱ	
69	7-1-69	喷管强度不足	设计计算并进行相关裕度试验	控制加工尺寸及装配质量	检查加工尺寸及装配质量	Ⅱ	
70	7-1-70	使用环境超出要求造成压力过高	选用与环境相适应的装药并进行合理的结构设计	控制生产过程	检查相关尺寸及参数	Ⅳ	
71	7-1-71	与弹体对接尺寸超差	严格设计	控制加工过程	检查加工质量	Ⅳ	
72	7-1-72	连接螺纹超差严重	—	控制加工过程	检查加工质量	Ⅲ	
73	7-1-73	装配质量问题造成绝热胶片受损	严格设计,避免尺寸干涉	明确装配流程及注意事项	检查装配过程	Ⅱ	火箭工作解体
74	7-1-74	虚焊漏焊	合理结构设计,避免出现未焊透现象	控制焊接参数	检查焊接参数,焊缝射线无损检查	Ⅱ	
75	7-1-75	焊缝内部锈蚀,年久失效	合理结构设计,避免出现未焊透现象	控制焊接参数	检查焊接参数,焊缝射线无损检查	Ⅳ	
76	7-1-76	通气参量设计值偏高	通过药柱型面设计控制通气参量	控制壳体及药柱相关尺寸	检查壳体及药柱相关尺寸	Ⅳ	
77	7-1-77	面喉比设计值偏高	根据选用的药柱确定面喉比	控制药柱及喷管喉部尺寸	检查药柱及喷管喉部尺寸	Ⅳ	
78	7-1-78	壳体单边严重	优化设计结构,避免加工变形	控制加工尺寸及方法	检查相关尺寸及液压强度检查	Ⅳ	
79	7-1-79	喷管单边严重	优化设计结构,避免加工变形	控制加工尺寸及方法	检查相关尺寸及液压强度检查	Ⅳ	
80	7-1-80	点火药量偏大	设计计算及点火裕度试验	控制装药量	检查装药量,进行爆压测试	Ⅳ	
81	7-1-81	点火药与药柱不匹配	选用匹配的点火药及药柱,并进行相关裕度试验	控制装药质量及装药状态	检查装药质量及装药状态	Ⅲ	

⑥识别设计关键特性

根据综合评价结果，对等级较高的底事件（综合评价Ⅰ、Ⅱ对应的特性作为关键特性），识别对应的设计关键特性，见表 3 - 23。

表 3 - 23　设计关键特性确认汇总表

序号	底事件编号	底事件内容	对应的关键特性	是否可量化	备注
1	7 - 1 - 15	传火管设计药量不足	爆压、发火时间、药盒厚度、药盒材料强度	是	火箭未点燃
2	7 - 1 - 17	点火药盒设计药量不足	爆压、发火时间、总冲、平均推力、工作时间	是	
3	7 - 1 - 26	总装质量问题	成品气密检查	否	
4	7 - 1 - 33	堵盖打开压力过低	喷管组件气密检查	否	
5	7 - 1 - 35	药柱能量偏低	药柱比冲、燃速	是	火箭性能参数超差
6	7 - 1 - 41	喷管喉部尺寸超差造成推力偏低	喷管喉部尺寸	是	
7	7 - 1 - 42	药柱能量偏高	药柱比冲、燃速	是	
8	7 - 1 - 45	药柱生产过程产生裂纹	药柱应无裂纹	否	
9	7 - 1 - 46	药柱生产过程中混入废弃料头	药柱应无杂质	否	
10	7 - 1 - 51	喷管喉部尺寸超差造成推力偏高	喷管喉部尺寸	是	
11	7 - 1 - 52	装配质量问题造成密封失效	成品气密检查	否	
12	7 - 1 - 56	装配质量问题造成绝热胶片脱落	胶皮气泡，脱粘	否	
13	7 - 1 - 66	壳体强度不足	壳体、喷管液压强度检测、磁力探伤	否	火箭工作解体
14	7 - 1 - 68	螺纹连接不到位	成品气密检查	否	
15	7 - 1 - 69	喷管强度不足	壳体、喷管液压强度检测、磁力探伤	否	
16	7 - 1 - 73	装配质量问题造成绝热胶片受损	胶皮气泡，脱粘	否	
17	7 - 1 - 74	虚焊漏焊	焊接强度检查	否	

表 3 - 23 中，可量化的关键特性均可作为产品飞行成功子样数据包络分析的研究对象。

由案例分析情况可知，故障树分析方法因果关系清晰、形象，对导致故障的各种原因及逻辑关系描述全面、简洁。各底事件对应的产品关键特性包括了设计、工艺、过程关键特性。

3.4　运载火箭关键特性分解树

3.4.1　运载火箭组成

树的概念在系统工程中有着广泛的应用，顾名思义，是按"树"的方式，把复杂的工程系统进行分解的一种方法，最直接方式是"产品树"，再就是可以将系统的特性按"树"的方式进行分解，例如关键特性、故障模式等。运载火箭产品结构树如图 3 - 12 所示。

运载火箭是一个复杂系统，它是由若干个相互联系、相互作用、相互依存的分系统结合而成的具有特定功能的有机整体，每一个分系统还可以进一步细分为若干个子系统、装置或部件，每一个子系统或装置还可进一步细分为若干的电子构件、机械构件和软件。这样一直细分下去。运载火箭一般由以下分系统组成：箭体结构、推进系统、控制系统、分离系统、飞行测量及安全系统、附加系统等。

箭体结构是火箭各个受力和支承结构件的总称，运载火箭箭体结构包括：有效载荷整流罩、推进剂贮箱、仪器舱、箱间段、级间段、发动机支承结构、仪器支架、导管、阀门和尾段、尾翼等。

推进系统的功能是产生推力。液体火箭的推进系统包括火箭发动机及推进剂输送系统两部分；而固体火箭的推进系统即为固体火箭发动机。

控制系统的作用是控制火箭姿态稳定，使其按预定轨道飞行，并控制火箭发动机关机，达到预定的速度，将有效载荷送入预定的轨道。控制系统由制导、姿态控制和综合三部分组成。制导系统由惯导装置、控制装置和计算机等组成。姿态控制系统由敏感位置、计算机和执行机构三部分组成。控制系统综合包括电源配电、时序控制和测试线路等。

分离系统是将火箭飞行过程中已经完成其预定工作，而且在继续飞行中无用的部分分离并抛掉，从而改善火箭质量特性，提高运载能力。分离系统按其功能主要由连接解锁装置、分离冲量装置及火工品引爆装置组成。

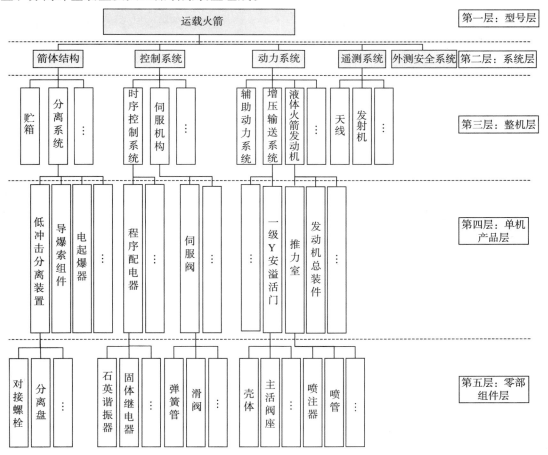

图 3-12　运载火箭产品结构树

飞行测量及安全系统的功能是测量火箭飞行过程中的各种关键参数，并判断其是否安全飞行。飞行测量包括遥测测量系统及外测测量系统。遥测测量系统的箭上设备主要有传感器、变换器、中间装置和无线电发射设备。外测测量系统的箭上设备包括应答机、天线、光学合作目标等。安全系统的作用是火箭在飞行中若出现故障、飞行弹道超出允许范围而危及地面安全时，将火箭销毁。箭上自毁系统由敏感装置、计算装置及爆炸装置组成。

箭上附加系统是一些比较独立又不可缺少的箭上小系统，例如瞄准系统、垂直度调整系统、推进剂加注与液位测量系统、空调系统等。

3.4.2　总体参数确定

3.4.2.1　飞行成功定义

对于一个产品来讲，完成用户或顾客所提出的要求或实现要求的功能，是产品成功的基本原则，对火箭来讲亦是如此。对于火箭系统来讲，实现运载功能将有效载荷按照客户需求送入预定轨道是第一要求，这部分功能是火箭系统设计的基本原则，因此火箭完成此项功能属于产品成功的范畴。

运载火箭的设计是一项复杂的系统工程，飞行的成功是火箭各个系统密切配合、按照各自的设计目标完成任务的结果，从 GJB 5330《运载火箭飞行试验成功评定准则》等相关标准可知，火箭的研制性飞行试验圆满成功评定准则一般要求同时满足以下条件：

1）运载火箭各系统工作正常，主要性能参数均在规定的范围之内；

2）运载火箭各类参数采集完整、正确；

3）有效载荷与运载火箭正常分离；

4）有效载荷入轨姿态满足预定要求，姿态偏差在规定的范围之内；

5）有效载荷按程序进入预定轨道，轨道参数偏差在规定的范围之内。

GJB 5330 中还明确了火箭发射飞行成功评定准则。

有效载荷与运载火箭正常分离，准确入轨，入轨参数偏差在规定的偏差范围之内，满足接口控制文件的规定指标。若有效载荷个别入轨参数超差，超出部分一般不超过规定偏差值的二分之一，且不影响有效载荷的正常工作和工作寿命。

综上可知，火箭的飞行成功定义是非常丰富的，在研制性飞行中，火箭的飞行成败不但与结果有关，而且还和过程有着很紧密的关系；应用发射阶段的成功定义，尽管评判准则相对简单，但是还牵涉了有效载荷的寿命评估。如果仅以运载火箭为研究对象，可将目标选取为应用发射的火箭成功作为评定准则，为了避免与有效载荷之间发生关联，我们选取发射的火箭圆满成功作为研究对象。

对应用发射的火箭圆满成功，直观的评判准则是入轨满足要求，但是其中还隐含着很多其他的要求，包括火箭的发射、飞行过程等，任何一个环节的失误，火箭不但无法入轨，更不用评估其入轨指标与要求的满足情况了。

在发射环节，由于火箭系统复杂，其保障条件不仅繁多，要求高，而且涉及多个工程系统及单位，例如发射场的供气供液、气象测量等；测控系统的数据测量、定位跟踪等均是火箭实现功能的前提及基础，因此火箭系统发射的保障条件也属于产品成功的一个范畴。

在飞行环节，火箭各系统可靠工作是必不可少的环节，这其中包括控制系统的正常工作，分离系统的正常分离，动力系统的正常点火和关机，结构系统的可靠工作等，这些环节都属于产品成功必须保障的一个范畴。

综上所述，对于火箭产品成功来讲，是产品全寿命周期中所涉及因素的一个集合体，不仅包含各工程系统的相互保障条件，也包含火箭系统本身的大量条件，更囊括了在过程中对其他外界环境的影响及法律法规的遵守。

对火箭系统这一研究对象来说，其成功除了火箭系统产品需要保障外，对于需要保障的外部条件也需要满足火箭提出要求，为了简化研究，可默认满足火箭系统要求，例如靶场推进剂参数、气体品质、高空风测量等条件均满足火箭提出要求。

根据上述分析，围绕运载火箭的基本功能需求，即点火成功、星箭分离成功且与有效载荷约定的轨道参数满足接口要求，将产品成功分为三个阶段进行分析，如图 3 - 13 所示。

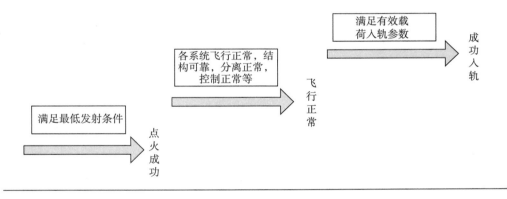

图 3 - 13　运载火箭"产品成功"阶段定义图

（1）点火成功

火箭各系统满足最低发射条件。

（2）飞行正常

火箭飞行控制系统正常、结构可靠、动力系统工作正常、分离系统工作正常，且收到分离信号（或视频）。

（3）成功入轨

有效载荷入轨参数满足要求。

3.4.2.2　飞行成功解析与分解

结合前面的分析可知火箭的飞行成功，既要飞行性能满足要求，即火箭的入轨参数满足要求，同时也要飞行功能满足要求，即火箭完成全程飞行。将火箭飞行成功的评价指标进行分解非常复杂，考虑到任务要求需要对火箭的飞行成功进行层层分解，对火箭飞行成功可以从两个方面来评价。

（1）飞行性能评价

这里是以火箭飞行准确入轨为目标，以火箭飞行动力学理论为依托，用与火箭飞行性能相关的参数，对火箭的飞行性能，即最终的入轨精度进行评价的方法。例如，用火箭的推力、比冲、结构质量、推进剂量等偏差来评估火箭的飞行成功。

（2）飞行功能评价

这里是以火箭安全可靠飞行为目标，所有系统的功能正常实现，不出现故障使得火箭的飞行功能丧失，从而导致火箭无法实现飞行性能的评价方法。例如，控制系统飞行全程应正常工作，结构系统全程应可靠工作等。

对应第一类问题，由于火箭的飞行可以采用飞行动力学方程进行描述，火箭飞行成功准则指标可以分解。但是对应第二类，所有系统的失利对火箭飞行成功来说都是致命的，只能分类描述。

3.4.2.3　关键产品及其关键特性的确定

数据是因素的具体体现，产品是数据的载体，如何将因素涉及的关键产品梳理出来，是确定关键参数的第一步。利用现有的火箭系统产品树方法，可以将系统总体产品细化到分系统、单机，甚至部组件、工艺和原材料，实现数据的有效传递。

从火箭总体到分系统产品需要进行三个层次的顺序分解。

（1）由火箭到系统

火箭系统的组成一般是不变的，但是对于不同型号有不同要求，例如载人火箭与非载人火箭就有些许差别，那么以火箭型号文件为依托，可以规范准确地确定火箭系统状态，因此第一层次需要火箭研制总要求、理论图、原始数据等顶层文件的支撑，将火箭系统分解到各系统。

（2）由系统到子级

各型号系统的组成是不同的，对于动力系统来说，最简单的就是几级火箭的区别，三级与两级其涉及的产品肯定不同，因此动力系统原理图是第二层次分解的依据，将动力系统分解到各子级。

（3）由子级到分系统

子级间的系统产品状态差别较大，与其使用的发动机、增压方式都有关系，因此对应该子级的任务书是明确状态的依据性文件，将本级产品分解至分系统。

3.4.3　运载火箭关键特性分解树

围绕运载火箭的工作分解结构，按照关键特性定义，采用关键特性识别与分解的方法，可初步构建出如图 3-14 所示的某型运载火箭关键特性分解树，明确各级产品开展产品飞行成功子样数据包络分析的对象。

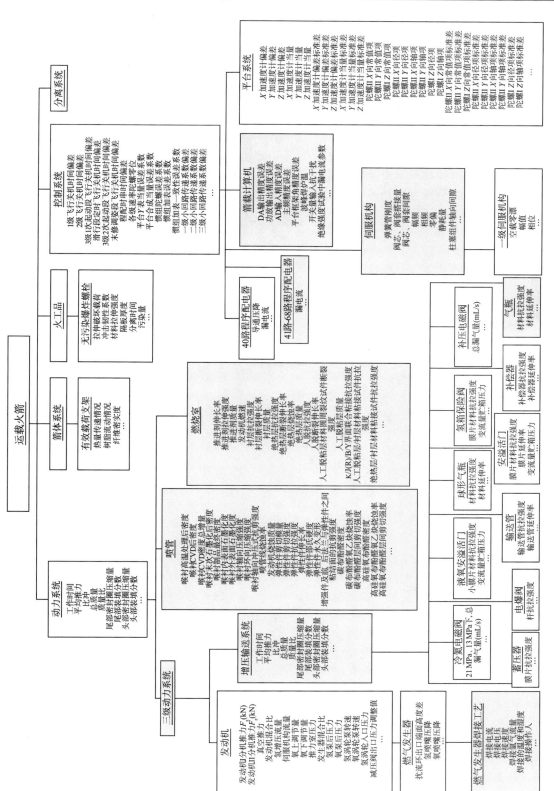

图 3-14　某型运载火箭系统关键特性（部分）

3.5　本章小结

本章围绕产品飞行成功子样数据包络对象确定过程，从产品飞行成功子样数据包络分析的角度给出了关键特性的定义及其分类，明确了关键特性、关键特性分解、设计关键特性、工艺关键特性、环境关键特性和接口关键特性等相关术语及其相互关系。介绍了关键特性确定及分解过程，详细介绍了质量功能展开、故障模式及影响分析、故障树分析等几种方法在确定包络分析对象中的应用过程，并给出了应用实例。最后围绕运载火箭产品结构，采用包络对象分析方法初步构建了某型运载火箭关键特性分解树。

第4章 单特性产品飞行成功子样数据包络线构建方法

4.1 常规产品成功数据包络分析

4.1.1 基本原理

无论是在轨还是地面试验，航天产品大多已经积累了较为丰富的数据信息。要生成产品飞行成功子样数据包络线，已飞行验证的成功子样数据最具说服力。但是，并不能在这些数据中简单地选取最大值、最小值来生成数据包络。从统计学的原理看，数据的波动是由系统因素和随机因素造成的。只有当数据波动仅仅受随机因素支配时，该技术指标的生成才是受控的。在产品研制中，由于偶然的系统因素造成波动是过程固有的，是一种正常的波动。因此，简单选取最大值和最小值作为数据包络线实际上是将系统因素和随机因素混杂在一起，对产品的可靠性评估造成了一定的风险。

在统计质量过程控制中，对于正态分布的监控变量，可以计算数据的均值和标准差，建立指标的控制限，包括控制上限（UCL）和控制下限（LCL）

$$LCL = \bar{x} - 3s \tag{4-1}$$

$$UCL = \bar{x} + 3s \tag{4-2}$$

式中　$\bar{x}$ —— 数据的均值；

　　　　s —— 数据的标准差。

4.1.2 应用过程

应用该原理，在建立成功数据包络线时，也可利用历史的成功数据建立数据的上下包络，分别用 UDE 和 LDE 表示。

对于正态分布的历史成功数据，其上下包络为

$$UDE = \bar{x} + m_2 s \tag{4-3}$$

$$LDE = \bar{x} - m_1 s \tag{4-4}$$

在统计中，存在两类错误：第 I 类错误和第 II 类错误。第 I 类错误（概率为 α）是原假设本来正确，但按检验规则却拒绝了原假设，称为"弃真"或"拒真"；第 II 类错误（概率为 β）是原假设本来不正确，但按检验规则却接受了原假设，简称为"采伪"或"取伪"。由于航天产品质量与可靠性的特殊要求，在建立成功包络线时应遵循宁可出现第 I 类错误也不可接受第 II 类错误的原则，因此对于错误的接受程度直接影响了 m_1 和 m_2 的取值。

例如，在历史数据服从正态分布的情况下，当 $m_1 = m_2 = 3$ 时，建立的 UDE 和

LDE 可以解释为以均值为中心，涵盖 99.7%（即 3σ）成功数据的包络；而当 $m_1 = m_2 = 2$ 时，建立的 UDE 和 LDE 可以解释为以均值为中心，涵盖 95%（即 2σ）成功数据的包络。

通常，简单的标准差计算公式为：$s = \sqrt{\dfrac{1}{n-1}\sum_{i=1}^{n}(x_i - \bar{x})^2}$，适用于简易的计量型数据。在实际的研制过程中，我们不仅仅对几何尺寸进行监控，还会有大量的测试数据。这些测试数据往往属于随机型连续变量，具有概率密度 $p(x)$，标准差计算公式为

$$s = \sqrt{\int (x-\mu)^2 p(x)\mathrm{d}x}$$

其中

$$\mu = \int x p(x)\mathrm{d}x$$

4.1.3　算例

控制系统的某重要机电设备，跑合试验是验证其可靠性的重要试验。在试验中，主要通过其跑合电流值特别是其波动值进行可靠性评估，要求额定转速下跑合电流的波动值不大于 5 mA。该设备已经成功飞行数十次，并建立了完善的数据包。通过数据包，整理了设备在历次跑合试验中的电流波动值，见表 4-1。在计算数据包络时，应剔除历史上曾经由于电流波动造成的质量问题的数据。

表 4-1　产品跑合试验中的电流数据采集

设备编号	T_1/mA	T_2/mA	...	T_i/mA	波动值/mA
1	122	120		124	4.0
2	125	127		123	3.2
3	136	133		135	5.4
4	140	142		145	5.2
5	128	126		127	4.5
...					
49	134	137		140	6.2
50	141	142		140	2.8

该组特性为望小特性。从数据中可以看出，电流波动的最大值 $v_{max} = 6.2$ mA，但并不能将 6.2 mA 作为控制的上限，因为其正常并不能排除系统中的偶然因素。对这些数据进行正态性检验后，结合工程经验，我们认为 95% 的数据可以确认为可靠的正常的数据，也就是取 $m_1 = 2$。

应用 Minitab 建立的成功数据包络得到的上下包络线如图 4-1 所示，其控制上限为 5.79。

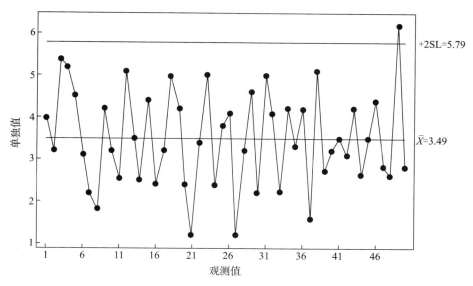

图 4 - 1　跑合电流波动值的上下包络

4.2　基于统计容许区间与容许限的包络分析

4.2.1　基本原理

（1）容许区间

设总体 X 的分布函数为 $F_\theta(x)$，要找一个区间 $[a，b]$，使它包含 X 的概率为 β，即：$P_\theta(a < x \leqslant b) = F_\theta(b) - F_\theta(a) = \beta$。当 θ 未知时，可通过样本 $X = (X_1，\cdots，X_n)$ 去估计，设 $T_i = T_i(X)$，$i = 1，2$ 为样本的函数，希望 $F_\theta(T_2) - F_\theta(T_1) = \beta$，即区间 $[T_1，T_2]$ 的概率为 β，由于 $T_1，T_2$ 都是样本的函数，故只能在一定的概率（例如概率为 γ）下使得 $F_\theta(T_2) - F_\theta(T_1) = \beta$ 成立。下面给出容许区间的定义。

设总体的分布函数为 $F_\theta(x)$，$\theta \in \Theta$，设 $X = (X_1，\cdots，X_n)$ 为来自总体的样本，$T_i = T_i(X)$，$i = 1，2$ 为两个统计量，满足条件 $T_1 \leqslant T_2$，且

$$P_\theta\{F_\theta(T_2) - F_\theta(T_1) \geqslant \beta\} \geqslant \gamma \qquad (4-5)$$

这里 $0 < \beta < 1$，$0 < \gamma < 1$，则称 $[T_1，T_2]$ 为总体分布 $F_\theta(x)$（或 X）的 β 容量的 γ 容许区间，简记为 $(\beta，\gamma)$ 容许区间。

（2）$(\beta，\gamma)$ 容许上限和下限

设总体的分布函数为 $F_\theta(x)$，$\theta \in \Theta$，设 $X = (X_1，\cdots，X_n)$ 为来自总体的样本，$T_U = T_U(X)$ 为统计量，对于给定的 $0 < \beta < 1$，$0 < \gamma < 1$，满足

$$P_\theta\{F_\theta(T_U) \geqslant \beta\} \geqslant \gamma \qquad (4-6)$$

则称 T_U 为总体分布 $F_\theta(x)$（或 X）的 $(\beta，\gamma)$ 容许上限，又若统计量 $T_L = T_L(X)$，满足

$$P_\theta\{F_\theta(T_L) \leqslant 1-\beta\} \geqslant \gamma \tag{4-7}$$

则称 T_L 为总体分布 $F_\theta(x)$（或 X）的 (β, γ) 容许下限。

（3）正态分布的 (β, γ) 容许区间

设 $F_\theta(x)$ 为正态分布 $N(\mu, \sigma^2)$ 的分布函数，其中 $\theta = (\mu, \sigma^2)$ 为未知参数，$X = (X_1, \cdots, X_n)$ 为来自 $N(\mu, \sigma^2)$ 的样本，$\bar{X}$ 和 s^2 为样本均值和样本方差，要求 X 的 (β, γ) 容许区间 $[T_1, T_2]$，下面给出了以 $\bar{X}$ 为中心而构成的容许区间，其形式为

$$[T_1, T_2] = [\bar{X} - Ks, \bar{X} + Ks] \tag{4-8}$$

其中系数 K 可以参考文献 ［2］ 的附表 3 - 3 查得，查表时取表中第一横行的 $P = (1-\beta)/2$。对于没有合适的 K 系数表可查时，可用瓦尔德和华尔福威茨提出的一种精度较高的近似容许区间方法，求 K 的步骤如下。

1）从下式

$$\Phi\left(\frac{1}{\sqrt{n}} + a\right) - \Phi\left(\frac{1}{\sqrt{n}} - a\right) = \beta \tag{4-9}$$

求得 a，这里 $\Phi(\cdot)$ 为 $N(0, 1)$ 分布函数。

2）对于置信系数 γ，$\chi^2_{1-\gamma}(n-1)$ 表示自由度为 $n-1$ 的 χ^2 分布的 $1-\gamma$ 分位数，则 (β, γ) 容许区间中系数可从下式得到

$$K = \left[\frac{(n-1)a^2}{\chi^2_{1-\gamma}(n-1)}\right]^{\frac{1}{2}} \tag{4-10}$$

3）正态分布的 (β, γ) 容许上限

$$T_U = \bar{X} + Ks \tag{4-11}$$

式中 K 可查表得出，查表时要注意表中的 P 就是我们这里的 β。

4）正态分布的 (β, γ) 容许下限

$$T_L = \bar{X} - Ks \tag{4-12}$$

(β, γ) 容许上限和下限的系数 K 的近似方法

$$\Phi\left(\frac{1}{\sqrt{n}} + a\right) - \Phi\left(\frac{1}{\sqrt{n}} - a\right) = 2\beta - 1 \tag{4-13}$$

求得 a 后再利用

$$K = \left[\frac{(n-1)a^2}{\chi^2_{1-\gamma}(n-1)}\right]^{\frac{1}{2}} \tag{4-14}$$

得到 K 的值。

4.2.2　应用过程

基于统计容许区间与容许限的包络分析的大致步骤如下：

1）从 n 个子样值中计算得出子样的均值和样本方差；

2）确定包络的容许概率 β 和置信度 γ；

　　3）查表确定 K，通过式（4-8）或式（4-11）、式（4-12）确定包络容许区间和容许限。

4.2.3　算例

　　某火箭增压输送系统一个产品零件阀套外圆直径为关键工艺特性，工序尺寸要求：$\phi 16_{-0.018}^{0}$ mm，现收集到成功飞行过的产品该关键特性 50 个实测数据，见表 4-2。待测产品测量值为 15.996 7 mm，试分析待测产品的包络情况。

表 4-2　某关键工艺特性测量结果

（单位：mm）

序号	测量结果									
1～10	15.990 4	15.990 9	15.988 5	15.994 1	15.995 5	15.994 9	15.990 6	15.991	15.993 3	15.993
11～20	15.993	15.992 8	15.993 3	15.991 4	15.993 9	15.993 4	15.990 4	15.990 6	15.994 1	15.988 7
21～30	15.993 3	15.993 3	15.990 5	15.993 2	15.989 6	15.990 5	15.989 6	15.987 2	15.994 3	15.990 5
31～40	15.992 7	15.993 4	15.991 4	15.993	15.992 9	15.995	15.991 8	15.989 9	15.991 5	15.986 1
41～50	15.992 2	15.990 9	15.992 9	15.992 5	15.992 6	15.992	15.989 7	15.989 6	15.990 8	15.991 4

　　采用爱泼斯-普利方法对数据进行正态性检验，结果表明数据服从正态分布。使用 Grubbs 检验法，在 90% 的置信度下，检测出第 40 个成功数据 15.986 1 为离群值，剔除之后再次使用 Grubbs 检验法对剩余的 49 个成功数据进行离群值检测，未发现离群值。

　　应用剔除离群值后剩余的 49 个数据，采用统计容许区间，计算包络范围

$$\bar{X} = 15.991\ 88,\ s = 0.001\ 83$$

选择 $(\beta, \gamma) = (0.95, 0.90)$，样本容量 $n = 49$，查统计分析表所得 $K = 2.419$。计算得出 0.9 的置信度下，0.95 的包络容许区间：

$$\text{UDE} = \bar{X} + Ks = 15.991\ 88 + 2.419 \times 0.001\ 83 = 15.996\ 3$$

$$\text{LDE} = \bar{X} - Ks = 15.991\ 88 - 2.419 \times 0.001\ 83 = 15.987\ 5$$

可以看出待测产品为合格/不包络。

4.3　基于自助法的小子样产品飞行成功数据包络分析

4.3.1　基本原理

　　自助法（Bootstrap 方法）是一种基于对试验观测数据的模拟再抽样来分析不确定性的工具，它运用模拟再抽样技术代替理论分析，基本思想是用试验观测数据的统计特性代替真实母体的特性。Bootstrap 方法摆脱了传统统计方法对分布假定的依赖，适合于任何分布和任何感兴趣参数的估计。Bootstrap 方法通过有放回模拟再抽样的方法更多地在不破坏总体分布的情况下考虑样本信息，并且考虑了对估计偏离的纠正，因而由其得到的小子样母体百分位值置信下限更接近真值。

目前研究已经表明 Bootstrap 方法是用于小子样试验评估的一种可行方法，通常子样数 $n \geqslant 10$ 较合适。在小子样产品成功数据包络分析中可用自助法扩充样本的基础上运用基于统计分析构建产品成功数据包络线。

4.3.2　应用过程

Bootstrap 方法的大致步骤如下。

1）从 n 个子样值得出近似累积分布函数，把 n 个子样值按值的大小，自小至大顺序编号排列，得 $x_1, x_2, \cdots, x_n$，用最简估算法得 i 处的累积概率值为

$$p_i = \frac{i}{n} \tag{4-15}$$

由此可得子样的经验分布函数为

$$p_x = \begin{cases} 0 & x < x_1 \\ \dfrac{i}{n} & x_i \leqslant x < x_{i+1} \\ 1 & x > x_n \end{cases} \tag{4-16}$$

2）根据 p_x 分布用随机抽样（抽样数为大数，用 N 表示），得随机抽样集合

$$X_k = (x_{1,k}, x_{2,k}, \cdots, x_{n,k})，k = 1, 2, \cdots, N \tag{4-17}$$

X_k 称为 Bootstrap 子样。

具体方法如下：

a）产生 $[0，1]$ 区间均匀分布的随机数 η；

b）令 $\beta = (n-1)\eta$，$i = \text{int}(\beta) + 1$，$\text{int}(\beta)$ 为对 β 下取整；

c）$x_F = x_{(i)} + (\beta - i + 1)(x_{(i+1)} - x_{(i)})$，得到的 x_F 为所需的一个随机样本点；

d）重复 n 次即可得到一个 Bootstrap 子样 $X^{(1)} = (x_{1,1}, x_{2,1}, \cdots, x_{n,1})$；

e）利用得到的 Bootstrap 子样 $X^{(1)} = (x_{1,1}, x_{2,1}, \cdots, x_{n,1})$ 构造经验累积分布函数，然后运用参数估计方法得出 Bootstrap 估计，计算其样本均值记为 $\bar{X}^{(1)}$；

f）重复上述步骤 N（N 一般取 1 000 次以上）次，记第 i 次抽样得到的样本均值为 $\bar{X}^{(i)}$；

g）将得到的 N 个样本 Bootstrap 样本均值 $\{\bar{X}^{(1)}, \bar{X}^{(2)}, \cdots, \bar{X}^{(N)}\}$ 按照从小到大的顺序依次排列，称为 Bootstrap 经验分布。

3）给定显著性水平 α，计算 $[(1-\alpha) \times (N+1)]$，则 $\bar{X}^{([(1-\alpha) \times (N+1)])}$ 即为质量特性值的 $(1-\alpha) \times 100\%$ 分位点。

4）当产品成功数据包络线的控制限取 3σ 处，则上控制限 UDE 等于 Bootstrap 经验分布中第 99.865% 百分位数，下控制限 LDE 等于 Bootstrap 经验分布中第 0.135% 百分位数。

5）对待分析的样本数据与构建的包络线进行对比分析，判断待分析数据的包络情况。

4.3.3　算例

液体火箭发动机主要性能参数（推力、比冲、混合比）的额定值及其满足给定公差限的评估，关系着运载火箭的加注量及飞行参数的准确性，并最终影响运载火箭的运载能力与入轨精度。因此研究液体火箭发动机飞行中主要参数的额定值，并评估其满足允许限的统计计算方法，评判产品执行任务的风险大小，具有重要的技术意义。某型号液体火箭发动机推力、比冲、混合比性能参数的飞行试验要求值见表 4-3。

表 4-3　推力、比冲、混合比飞行设计要求值

性能参数名称	数值	偏差范围 $\Delta\xi$
推力	79.434 kN	$\pm 3\%$
比冲	438 s	-2 s
混合比	5.1	$\pm 5\%$

收集到了该型火箭发动机 20 次地面试验成功数据和 9 发飞行成功试验数据，分别见表 4-4、表 4-5。

表 4-4　地面仿真试验性能参数数据

推力/kN	比冲/s	混合比
79.53	439.67	4.995
78.38	440.77	5.047
79.82	438.45	5.042
80.46	437.65	5.073
78.84	440.15	5.069
79.92	439.15	5.053
80.20	438.12	4.896
78.20	438.98	4.936
78.31	436.49	5.036
79.72	440.51	4.937
79.04	437.82	4.959
79.80	438.21	5.036
79.89	440.84	4.996
79.82	437.92	5.059
80.22	438.56	4.915
79.79	438.44	5.024
80.15	441.21	4.897
78.48	439.21	4.908
79.31	437.69	5.013
79.21	437.64	4.987

表 4 - 5　飞行试验性能参数数据

推力/kN	比冲/s	混合比
78.85	439.62	4.958
79.65	436.77	4.927
78.54	438.02	4.979
79.92	437.49	5.102
78.64	441.42	4.907
79.09	439.99	5.027
78.35	437.95	4.998
77.54	439.32	5.008
80.09	438.69	5.057

（1）常规统计包络分析

1）在不考虑地面试验数据与飞行试验数据差异的基础上，按照常规产品成功数据包络分析方法构建 99.73% 的置信度下的包络线，如图 4 - 2 所示。

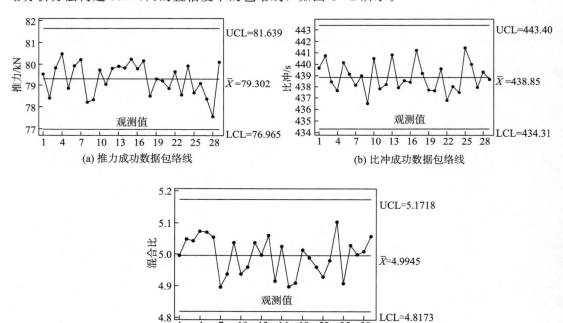

(a) 推力成功数据包络线　　　　　　(b) 比冲成功数据包络线

(c) 混合比成功数据包络线

图 4 - 2　火箭发动机常规包络分析图

2）经过计算，常规产品成功数据包络分析方法得出的统计包络区间见表 4 - 6。

表 4 - 6　推力、比冲、混合比的统计包络区间

性能参数名称	性能要求	包络区间
推力/kN	$[77.051, 81.817]$	$[76.965, 81.659]$
比冲/s	$[436, 438]$	$[434.31, 443.40]$
混合比	$[4.845, 5.355]$	$[4.817, 5.172]$

3）待分析的液体火箭发动机的地面试验数据见表 4 - 7。

表 4 - 7　待分析产品的地面仿真试验数据

推力/kN	比冲/s	混合比
79.53	439.67	4.995

4）分析可得，待分析比冲数据为包络超差。

（2）基于自助法的包络分析

1）在不考虑地面试验数据与飞行试验数据差异的基础上，基于现有的 29 项数据采用 Bootstrap 对样本进行重新抽样；

2）计算每个样本的均值；

3）对样本均值进行排序，得到液体火箭发动性能参数的 Bootstrap 经验分布；

4）按 3σ 取上下包络线，取每个指标的第 2 个数和 998 个数，构建包络线，见表 4 - 8。

表 4 - 8　基于自助法的推力、比冲、混合比的统计包络区间

性能参数名称	性能要求	包络区间
推力/kN	$[77.051, 81.817]$	$[78.91, 79.661]$
比冲/s	$[436, 438]$	$[438.221, 439.4997]$
混合比	$[4.845, 5.355]$	$[4.96, 5.026]$

5）将待分析的样本与构建的包络线进行对比分析，得出包络的结论。

4.4　基于贝叶斯方法的小子样产品飞行成功数据包络分析

4.4.1　基本原理

由于传统的统计分析理论要求大的样本量，在单机、分系统、系统层面上基于大样本的统计理论有一定的局限性，导致错判和误判。大样本产品成功数据包络情况下，基本的假设前提是参数属于稳定的分布。在单机以上层次的产品，航天采用的是小批量生产模式，小批量生产的生产环境波动相对较大，不同批次产品的质量指标参数之间总存在一些差异，而且成功型号的参数也存在一定的差异性，因此，大样本条件下基于稳定的分布假设存在一定的问题，由于航天型号的研制具有继承性，产品参数指标有一定的借鉴意义，可以利用历史样本信息进行包络分析，而历史样本参数的各种波动形成某一统计分布，其参数具有随机性的特征，这与经典统计的基本观点"总体分布参数是固定的常数"是不相符的，而贝叶斯理论认为分布参数可以视为随机变量，这更适合小批量生产情形。

　　基于贝叶斯方法的小子样产品成功数据包络分析的基本思路是：将历次产品的历史成功数据分为先验估算样本和后验修正样本，利用先验分布样本数据得出性能分布函数参数的先验分布，然后采用后验样本对先验分布进行修正，得到分布参数的后验分布，在此基础上构建后验分布预测密度函数，基于后验分布预测密度函数构建产品成功数据包络线，确定参数包络情况。这是一个逐步推进改进的过程，随着成功样本数据的增加，可以不断地修正性能分布参数，当成功样本数据达到一定样本量后，性能参数趋于稳定。

　　根据贝叶斯原理，参数 x 的后验分布预测密度函数为

$$m(x \mid x^0) = \int_{\Theta} p(x \mid \theta) \pi(\theta \mid x^0) \, d\theta \tag{4-18}$$

式中　$\pi(\theta \mid x^0)$ ——分布参数 θ 基于先验数据 x^0 的后验分布；

　　　$p(x \mid \theta)$ ——参数 x 的随机分布。

4.4.2　应用过程

　　下文以性能参数 [服从正态分布 $x \sim N(\mu, \sigma^2)$] 为例，介绍基于贝叶斯原理的包络分析方法的应用过程。

　　针对所有的性能参数可以给出基本假设：设性能参数为 ξ，飞行情况下 ξ 服从正态分布 $N(\mu, \sigma^2)$，为了计算方便，文中用 $\tau = \dfrac{1}{\sigma^2}$，设已经取得 ξ 的所有成功产品数据 $X = (x_1, x_2, \cdots, x_n)$，基于成功数据估算先验参数。首先用未知参数 μ 和 τ 的共轭分布作为其先验分布，用样本 X 估计 (μ, τ) 的先验分布中的超参数，得到 (μ, τ) 的先验分布，根据该先验分布求解得出性能参数 ξ 的预测分布，基于预测分布，计算给定置信度下的包络范围，进行产品成功数据包络分析。

　　（1）先验分布函数的经验贝叶斯估计

　　(μ, τ) 的共轭先验分布为

$$\pi(\mu, \tau) = P_1(\mu \mid \tau) P_2(\tau)$$

其中 $P_1(\mu \mid \tau)$ 为正态分布 $N\left(\mu_0, \dfrac{1}{\lambda_0 \tau}\right)$ 的密度函数：$\dfrac{\sqrt{\lambda_0 \tau}}{\sqrt{2\pi}} \exp\left[-\dfrac{\lambda_0 \tau (\mu - \mu_0)^2}{2}\right]$，$\mu_0$ 为未知超参数，$-\infty \leqslant \mu_0 < +\infty$；$\lambda_0$ 为未知超参数，$\lambda_0 > 0$；$P_2(\tau)$ 为 Γ 分布密度函数，$\dfrac{\beta_0^{\alpha_0}}{\Gamma(\alpha_0)} \tau^{\alpha_0 - 1} e^{-\beta_0 \tau}$，$\alpha_0, \beta_0$ 为未知参数，$\alpha_0 > 0, \beta_0 > 0$。

　　基于先验估算样本 $X = (x_1, x_2, \cdots, x_n)$，由极大似然法求出这些超参数。似然函数对 (μ, τ) 的期望 $E[L(X)]$ 为

$$E[L(X)] = \frac{1}{(2\pi)^{\frac{n}{2}}} \sqrt{\frac{\lambda_0}{n + \lambda_0}} \frac{\Gamma\left(\alpha_0 + \dfrac{n}{2}\right)}{\Gamma(\alpha_0)} \frac{n\lambda_0}{\left[\beta_0 + \dfrac{1}{2(n + \lambda_0)} (\bar{X} - \mu_0)^2 + \dfrac{1}{2} \sum_{i=1}^{n} (x_i - \bar{X})^2\right]^{\left(\alpha_0 + \frac{n}{2}\right)}}$$

使 $E[L(X)]$ 极大，确定先验分布的超参数，求得结果如下：

$\mu_0 = \bar{X}$ ，$\bar{X}$ 为样本 X 的均值；

$\beta_0 = \alpha_0 S^2$ ，S^2 为 X 的样本方差，$S^2 = \dfrac{1}{n} \sum\limits_{i=1}^{n} (x_i - \bar{X})^2$ ；

似然函数 λ_0 极值条件无法满足，用样本 X 的均值 $\bar{X}$ 的方差 $\dfrac{\sigma^2}{n}$（即 $\dfrac{1}{n\tau}$）去估计先验分布对 μ 的条件方差 $\dfrac{1}{\lambda_0 \tau}$ ，故可取 $\lambda_0 = n$ 。

似然函数对 α_0 的极值条件为 $\dfrac{\Gamma'\left(\alpha_0 + \dfrac{n}{2}\right)}{\Gamma\left(\alpha_0 + \dfrac{n}{2}\right)} - \dfrac{\Gamma'(\alpha_0)}{\Gamma(\alpha_0)} - \ln\left(1 + \dfrac{n}{2\alpha_0}\right) = 0$ ，式中 $\Gamma(\alpha)$ 是 Γ 函数，$\Gamma'(\alpha)$ 为其导数。对不同的 n 求出 α_0 ，见表 $4-9$ 。

表 4-9　不同样本下的 α_0

n	5	6	7	8	9	10	11	12
α_0	12.236 5	11.763 4	11.495 5	11.130 7	10.700 2	10.200 5	9.700 1	9.200 4
n	13	14	15	16	17	18	19	20
α_0	8.699 4	8.200 5	7.700 9	7.200 3	6.812 1	6.678 8	6.302 7	5.801 8

（2）预测分布函数

由于似然函数为

$$L(\mu, \tau \mid X) = \prod_{i=1}^{n} \frac{\sqrt{\tau}}{\sqrt{2\pi}} \exp\left[-\frac{\tau}{2} (x_i - \mu)^2\right] \qquad (4-19)$$

利用贝叶斯定理，参数 $\pi(\mu, \tau)$ 的联合预测分布密度函数与似然函数、先验分布密度函数之积成正比，即

$$\pi(\mu, \tau \mid X) \propto L(\mu, \tau \mid X) \pi(\mu, \tau)$$

$$\propto \prod_{i=1}^{n} \frac{\sqrt{\tau}}{\sqrt{2\pi}} \exp\left[-\frac{\tau}{2} (x_i - \mu)^2\right] \cdot \frac{\sqrt{\lambda_0 \tau}}{\sqrt{2\pi}} \exp\left[-\frac{\lambda_0 \tau (\mu - \mu_0)^2}{2}\right] \cdot \frac{\beta_0^{\alpha_0}}{\Gamma(\alpha_0)} \tau^{\alpha_0 - 1} \mathrm{e}^{-\beta_0 \tau}$$

$$\propto \tau^{\frac{n-1}{2} + \alpha_0} \exp\left\{-\frac{\tau}{2} \left[\sum_{i=1}^{n} (x_i - \mu)^2 + \lambda_0 (\mu - \mu_0)^2 + 2\beta_0\right]\right\}$$

$$(4-20)$$

根据参数 (μ, τ) 先验分布和样本 x 的条件分布密度函数，x 的预测分布函数为

$$f(x \mid X) = \iint\limits_{\mu \in R, \tau > 0} \pi(\mu, \tau \mid X) f(x \mid \mu, \tau) \, \mathrm{d}\mu \mathrm{d}\tau$$

$$\propto \iint\limits_{\mu \in R, \tau > 0} \tau^{\frac{n-1}{2} + \alpha_0} \exp\left\{ -\frac{\tau}{2} \Big[\sum_{i=1}^{n} (x_i - \mu)^2 + \lambda_0 (\mu - \mu_0)^2 + 2\beta_0 \Big] \right\} \cdot$$

$$\frac{\sqrt{\tau}}{\sqrt{2\pi}} \exp\left[-\frac{\tau}{2} (x - \mu)^2 \right] \mathrm{d}\mu \mathrm{d}\tau$$

$$\propto \iint\limits_{\mu \in R, \tau > 0} \tau^{\frac{n}{2} + \alpha_0} \exp\left\{ -\frac{\tau}{2} \Big[\sum_{i=1}^{n} (x_i - \mu)^2 + \lambda_0 (\mu - \mu_0)^2 + 2\beta_0 + (x - \mu)^2 \Big] \right\} \mathrm{d}\mu \mathrm{d}\tau$$

设 $A = \sum\limits_{i=1}^{n} x_i^2 + \lambda_0 \mu_0^2 + x^2 + 2\beta_0 - \dfrac{\left(\sum\limits_{i=1}^{n} x_i + \lambda_0 \mu_0 + x \right)^2}{n + \lambda_0 + 1}$ ，$B = \dfrac{\left(\sum\limits_{i=1}^{n} x_i + \lambda_0 \mu_0 + x \right)}{n + \lambda_0 + 1}$ ，则

$$f(x \mid X) \propto \iint\limits_{\mu \in R, \tau > 0} \tau^{\frac{n}{2} + \alpha_0} \exp\left\{ -\frac{\tau}{2} \big[(n + \lambda_0 + 1)(\mu - B)^2 + A \big] \right\} \mathrm{d}\mu \mathrm{d}\tau$$

$$= \int_{-\infty}^{+\infty} \tau^{\frac{n}{2} + \alpha_0} \mathrm{e}^{-\frac{\tau}{2} A} \mathrm{d}\tau \int_{0}^{+\infty} \mathrm{e}^{-\frac{\tau}{2}(n + \lambda_0 + 1)(\mu - B)^2} \mathrm{d}\mu$$

$$= \int_{-\infty}^{+\infty} \tau^{\frac{n}{2} + \alpha_0} \cdot \mathrm{e}^{-\frac{\tau}{2} A} \cdot \frac{\sqrt{\pi}}{\sqrt{\frac{\tau}{2}(n + \lambda_0 + 1)}} \mathrm{d}\tau$$

$$\propto \int_{\tau > 0} \tau^{\frac{n-1}{2} + \alpha_0} \cdot \mathrm{e}^{-\frac{\tau}{2} A} \mathrm{d}\tau$$

设 $\dfrac{\tau}{2} A = \omega$ ，则 $\tau = \dfrac{2}{A} \omega$ ，$\mathrm{d}\tau = \dfrac{2}{A} \mathrm{d}\omega$ ，因此

$$f(x \mid X) \propto \int_{\tau > 0} \left(\frac{2}{A} \omega \right)^{\frac{n-1}{2} + \alpha_0} \cdot \mathrm{e}^{-\omega} \cdot \frac{2}{A} \mathrm{d}\omega$$

$$= \int_{\tau > 0} \left(\frac{2}{A} \right)^{\frac{n+1}{2} + \alpha_0} \cdot \omega^{\frac{n-1}{2} + \alpha_0} \cdot \mathrm{e}^{-\omega} \mathrm{d}\omega$$

$$= \left(\frac{2}{A} \right)^{\frac{n+1}{2} + \alpha_0} \Gamma\left(\frac{n+3}{2} + \alpha_0 \right)$$

用 $\sum\limits_{i=1}^{n} x_i^2 + \lambda_0 \mu_0^2 + x^2 + 2\beta_0 - \dfrac{\left(\sum\limits_{i=1}^{n} x_i + \lambda_0 \mu_0 + x \right)^2}{n + \lambda_0 + 1}$ 替换 A ，则

$$f(x \mid X) \propto \left[\sum_{i=1}^{n} x_i^2 + \lambda_0 \mu_0^2 + x^2 + 2\beta_0 - \frac{\left(\sum_{i=1}^{n} x_i + \lambda_0 \mu_0 + x \right)^2}{n + \lambda_0 + 1} \right]^{-\left(\frac{n+1}{2} + \alpha_0 \right)}$$

$$\propto \left[\frac{n + \lambda_0}{n + \lambda_0 + 1} \left(x - \frac{\sum_{i=1}^{n} x_i + \lambda_0 \mu_0}{n + \lambda_0} \right)^2 + \sum_{i=1}^{n} x_i^2 + \lambda_0 \mu_0^2 + 2\beta_0 - \frac{\left(\sum_{i=1}^{n} x_i + \lambda_0 \mu_0 \right)^2}{n + \lambda_0} \right]^{-\left(\frac{n+1}{2} + \alpha_0 \right)}$$

$$\propto \left[1 + \frac{1}{\nu} \left(\frac{x - \mu_{Bx}}{\sigma_{Bx}} \right)^2 \right]^{-\frac{\nu}{2} + 1}$$

上式最后一项是自由度为 ν，位置参数为 μ_{Bx}，方差为 $\nu \sigma_{Bx}^2 / (\nu - 2)$ 的非中心 t 分布密度函数的核，因此，x 的预测分布为非中心 t 分布，此处 $\nu = n + 2\alpha_0 + 3$，而

$$\mu_{Bx} = \frac{\sum_{i=1}^{n} x_i + \lambda_0 \mu_0}{n + \lambda_0} \tag{4 - 21}$$

$$\sigma_{Bx}^2 = \frac{(n + \lambda_0 + 1) \left[\sum_{i=1}^{n} x_i^2 + \lambda_0 \mu_0^2 + 2\beta_0 - \frac{\left(\sum_{i=1}^{n} x_i + \lambda_0 \mu_0 \right)^2}{n + \lambda_0} \right]}{(n + 2\alpha_0 + 3)(n + \lambda_0)} \tag{4 - 22}$$

（3）由预测分布函数确定产品成功包络线

对双侧参数而言，在一定的置信度 $1 - \alpha$ 下，可以确定其在置信度 $1 - \alpha$ 下的包络区间

$$\text{LDE} = \mu_{Bx} - \sqrt{\frac{\nu}{\nu - 2}} \sigma_{Bx} t_\nu (\alpha / 2) \tag{4 - 23}$$

$$\text{UDE} = \mu_{Bx} + \sqrt{\frac{\nu}{\nu - 2}} \sigma_{Bx} t_\nu (\alpha / 2) \tag{4 - 24}$$

对单侧参数而言，如只有下限要求，置信度 $1 - \alpha$ 下其包络区间

$$\text{LDE} = \mu_{Bx} - \sqrt{\frac{\nu}{\nu - 2}} \sigma_{Bx} t_\nu (\alpha) \tag{4 - 25}$$

4.4.3　算例

选取某型号液体火箭发动机推力，采用贝叶斯方法进行产品成功数据包络分析，构建产品成功数据包络线。发动机推力参数的设计要求值为 79.434 kN，偏差范围 $\pm 3\%$。收集到了该型火箭发动机 9 发飞行成功试验数据，见表 4 - 10。

表 4 - 10　推力飞行成功试验数据

序号	1	2	3	4	5	6	7	8	9
推力/kN	78.85	79.65	78.54	79.92	78.64	79.09	78.35	77.54	80.09

采用贝叶斯方法，可以计算 99% 的置信度下的产品成功数据包络线，计算结果见表 4 - 11。

表 4 - 11　推力飞行成功试验数据

均值	方差	ν	μ_0	λ_0	α_0	β_0	μ_{Bx}	σ_{Bx}	LDE	UDE
78.963	0.819	33	78.963	9	10.7	7.177	78.963	0.969	77.270	80.655

4.5　特小子样产品成功数据包络分析

　　研究学者一般认为在样本数小于 10 的情况下，传统的自助法（Bootstrap 方法）不再适用。而实际情况是，一些火箭的定型试验仅为 3～5 发。显然，对这类小子样产品进行数据包络不能直接运用 Bootstrap 方法。然而，在型号研制过程中，却存在着丰富的验前信息，如仿真信息、相似型号的试验信息、地面试验的折合信息等，因此在特小子样的型号产品成功数据包络分析中，如何综合利用各种验前信息采用自助法进行分析，是一个重要的研究方向。

4.5.1　基本原理

（1）Bootstrap 抽样方法

　　为了获取再生子样，首先需要确定抽样分布函数 F_n。根据 F_n 中是否含有待定参数，抽样方式可分为非参数 Bootstrap 方法和参数 Bootstrap 方法。

　　非参数 Bootstrap 方法对抽样分布函数不做任何假设，它直接由观测数据构成的经验分布函数进行抽样。在无任何参数假设的情况下，经验分布函数是观测数据分布的极大似然估计。假设已获得一组子样 $X = (X_1，X_2，\cdots，X_i，\cdots，X_n)$，把 X_i 按自小至大的顺序排列，可得到样本的次序统计量 $X = (X_{(1)}，X_{(2)}，\cdots，X_{(i)}，\cdots，X_{(n)})$，满足 $X_{(1)} \leqslant X_{(2)} \leqslant \cdots \leqslant X_{(i)} \leqslant \cdots \leqslant X_{(n)}$。由此可构造原始样本的经验分布函数为

$$F_n(x) = \begin{cases} 0, x < X_{(1)} \\ i/n, X_{(i)} \leqslant x < X_{(i+1)}，i = 1, 2, \cdots, n-1 \\ 1, x \geqslant X_{(n)} \end{cases} \tag{4-26}$$

　　显然，每个样本点都具有相同的点概率 $1/n$。

　　参数 Bootstrap 方法选取某一合适的光滑连续分布 f，利用观测数据进行参数估计得出具体的分布形式后再进行抽样。假定子样 $X = (X_1，X_2，\cdots，X_i，\cdots，X_n)$ 服从 $f(x；\Theta)$ 分布，其中 Θ 为分布中所含的未知参数矢量。利用观测数据可获得 Θ 的极大似然估计，从而将 $f(x；\Theta)$ 作为 $f(x；\Theta)$ 的极大似然估计去逼近真实总体分布。这样，利用 $f(x；\Theta)$ 抽样获得的 N 组再生子样 X^*，就可以对某一参数进行 Bootstrap 统计推断。

　　在特小子样试验下，非参数 Bootstrap 抽样会产生退化现象，即可能多次出现两组子样相同或是某子样中所有样本点相同的情况；而参数 Bootstrap 抽样则可能出现抽样函数估计较大地偏离真实分布的情况，从而导致再生子样的不合理。这对于小子样产品质量的评定都是非常不利的。因此，如何有效地利用验前信息在一定程度上弥补现场试验子样的

不足，需要进一步研究。

（2）验前信息的预处理

与 Bayes 方法类似，Bootstrap 方法应用验前信息的前提是验前信息能够反映性能参数的统计特性，即要求验前信息与现场试验信息近似地服从同一总体（即差别不能太大），这就需要对验前信息和现场试验信息进行相容性检验，并且给出验前信息的权重以便于进行 Bootstrap 方法统计推断。

（3）相容性检验方法的选取

常用的相容性检验方法有参数检验法（要求总体分布形式已知）、秩和检验法及 KS 检验法等。在存在多源验前信息的情况下，应分别将各类子样与现场子样进行相容性检验，从而确定出哪些信息源数据可以利用。研究表明参数检验方法（包括经典的 F 检验与 t 检验）总是显得比较"保守"，不轻易做出现场试验信息与相似型号信息相容的结论；而秩和检验方法则刚好相反；KS 检验结果介于前两种检验之间。随着显著性水平的增加，三种检验方法做出相容判断的次数基本上都趋于减少。对比以上结果，一般建议采用较为"中性"的 KS 检验方法，且为保证弃真概率（同一总体下判断为不相容的概率）和采伪概率（不同总体下判断为相容的概率）均不超过 0.2，相容性检验水平应大于 0.1。因此，可选用 KS 检验方法来适应这种特小子样情况。

（4）权重分配

在通过了相容性检验之后，并不能直接就将验前子样与现场子样相混合进行 Bootstrap 质量评定。注意相容性检验的结论是，验前信息与现场试验信息近似服从同一总体，而不是完全服从同一总体；验前信息在一定程度上能够反映性能参数的统计特性，而不是完全代表其真实特性。这意味着我们不能忽略验前信息与真实情况可能存在的差异。显然，若是直接混合所有子样并在抽样时将验前数据与现场试验数据视为同等重要，这势必出现大量的验前信息淹没真实试验信息的情况。

事实上，现场试验信息是真实情况的客观反映，因而更显宝贵。为了保护现场试验信息不被大量的验前信息所淹没，可以对每种信息源各分配一个适当的权重，并依据权重的大小来控制信息源对再生子样的影响。同样可以依据相容性检验水平来分配各类信息源的权重。设存在 p 类验前信息源，每类信息源子样通过相容性检验的显著性水平分别为 $\alpha_i(i=1,2,\cdots,p)$，即相应的置信度 w_i 为 $1-\alpha_i$；令现场试验子样的置信度为 1，则各类验前信息源的权重分别为

$$\varepsilon_i = \frac{w_i}{1+\sum\limits_{i=1}^{p}w_i} = \frac{1-\alpha_i}{1+\sum\limits_{i=1}^{p}(1-\alpha_i)} \ , i=1,2,\cdots,p \qquad (4-27)$$

现场试验子样的权重为

$$\varepsilon_0 = \frac{1}{1+\sum\limits_{i=1}^{p}w_i} = \frac{1}{1+\sum\limits_{i=1}^{p}(1-\alpha_i)} \ , i=1,2,\cdots,p \qquad (4-28)$$

4.5.2　应用过程

（1）考虑验前信息的 Bootstrap 方法

根据 Bootstrap 抽样方法的不同，验前信息的利用分为非参数 Bootstrap 法和参数 Bootstrap 法两种方式。

（2）验前信息在非参数抽样中的应用

传统的非参数 Bootstrap 方法往往采用均匀放回抽样，即每个样本被抽取的概率相等。在获得了验前信息及相应的权重之后，可借鉴重要度抽样的思想，给所有样本分配一个合适的抽取概率——假设各个信息源下的所有样本都是同等重要的，则各个信息源下的样本抽取概率即等于该信息源的权重与该信息源样本数量的比值。

以某型运载火箭的最高轨道高度评定为例，设有 3 发真实试验信息 $L(0) =$ （5 510，5 532，5 528），由正态分布 $N(5\,520，10^2)$ 产生。设改进前的型号做过 8 次试验，分别为 $L(1) =$ （5 519，5 498，5 533，5 532，5 514，5 520，5 518，5 512），由正态分布 $N(5\,515，12^2)$ 生成，单位为千米。

取 KS 检验的水平为 $\alpha = 0.2$，检验结果为两子样相容。利用置信度法分配抽样权重，故每个真实样本的抽取概率分别为 5/27，每个相似型号轨道高度样本的抽取概率各为 1/18。利用重要度抽样 1 000 次，计算轨道高度均值与标准差的 80% 置信区间，见表 4-12。为做比较，表中也给出了经典统计方法（利用 t 统计量与 χ^2 统计量）和不考虑验前信息的 Bootstrap 方法的区间估计结果。

表 4-12　运载火箭轨道高度评定结果

评估指标	经典统计方法	不考虑验前信息的非参数方法	考虑验前信息的非参数方法
均值 μ	[5 510.6,5 536.1]	[5 516.0,5 530.7]	[5 516.7,5 525.4]
标准差 σ	[7.722 9,36.103]	[0.000 0,12.702]	[7.737 7,12.494]

由表 4-12 可以看出，虽然这三种方法关于均值和标准差的 80% 置信区间均包括了真值，但是由于前两种方法只利用了仅有的三个试验数据，而最后一种方法利用了与现场试验信息较为一致的验前信息，因此在同样的置信度下，考虑验前信息的非参数 Bootstrap 方法计算出的置信区间长度要远远小于经典统计方法和不考虑验前信息的非参数 Bootstrap 方法获得的置信区间长度。

以上结果也说明了虽然验前信息与真实分布存在一定差异，但只要大致相同（近似服从同一总体），对运载火箭的精度评定结果就可能起到较大的改进作用。

（3）验前信息在参数方法中的应用

同样，对于特小子样下的参数 Bootstrap 方法而言，虽然它不存在抽样困难的问题，但是现场子样信息的缺乏却很可能导致抽样分布函数中的参数估计（由现场试验数据获得）并不是那么准确，继而抽样结果也不尽可靠。因此，利用宝贵的验前信息结合真实试验数据来确定抽样分布函数中的未知参数无疑是一种值得尝试的办法。

类似重要度抽样的思想，可以将权重的概念引入到抽样分布函数中未知参数的确定上来。设各个信息源子样的均值、方差及权重分别为 μ_i、σ_i^2 和 ε_i，则融合后的抽样分布函数的均值及方差可由下式计算得到

$$\mu = \sum_{i=0}^{n} \varepsilon_i \mu_i ，\sigma^2 = \sum_{i=0}^{n} \varepsilon_i \sigma_i^2 \tag{4-29}$$

为了验证考虑验前信息的参数 Bootstrap 方法的性能，仍以最高轨道高度评定为例，按照以下步骤进行蒙特·卡罗仿真，同时比较多种统计方法对轨道高度评定结果的影响（初始化相容性次数并记为 $k=0$）。

步骤 1：由 $N(5\,520，10^2)$ 任意产生 4 发真实轨道高度信息；

步骤 2：根据均匀分布抽取一组 μ' 和 σ'（$\mu' \in [5\,520-10，5\,520+10]$，$\sigma' \in [10-2，10+2]$），并根据 $N(\mu'，\sigma'^2)$ 产生 6 组同型号火箭的轨道试验折合信息，以此作为验前信息；

步骤 3：给定相容性检验水平 0.2，进行真实信息与验前信息的 KS 检验；

步骤 4：若相容，$k=k+1$，进入下一步，否则返回步骤 1；

步骤 5：由相容性检验水平分配权重，计算融合后的抽样分布函数的均值及方差，并根据抽样分布函数抽取 1\,000 组 Bootstrap 再生子样；

步骤 6：计算最高轨道高度的 80% 置信区间，并记录该区间是否包括真实均值（5\,520）和标准差（10）；

步骤 7：为做对比，仅由 4 发试验信息计算经典估计和不考虑验前信息的参数 Bootstrap 估计的 80% 置信区间，并计算考虑验前信息的非参数 Bootstrap 估计的 80% 置信区间；

步骤 8：重复以上步骤，直至 $k=1\,000$；统计多种区间估计结果，包括真实均值和标准差的个数以及置信区间的平均长度。估计结果见表 4-13。

表 4-13　轨道高度评定结果比较

评定方法	含真值的区间个数(μ)	置信区间平均长度(μ)	含真值的区间个数(σ)	置信区间平均长度(σ)
经典统计方法	857	16.177 1	794	15.537 8
考虑验前信息的非参数方法	604	7.518 6	652	5.143 0
不考虑验前信息的参数方法	546	8.015 8	532	5.908 8
考虑验前信息的参数方法	631	8.245 5	751	6.068 1

由表 4-13 可知，经典统计方法的可信度（包含真值的置信区间个数/1\,000）最高，但估计的置信区间也最长——这意味着估计结果太过模糊，不够精确；考虑验前信息的非参数 Bootstrap 方法可信度虽然一般，但是估计的置信区间平均长度最短；不考虑验前信息的参数 Bootstrap 方法可信度最低；考虑验前信息的参数 Bootstrap 方法虽然估计出的置信区间平均长度比不考虑验前信息的参数 Bootstrap 方法和考虑验前信息的非参数

Bootstrap 方法都要略长，但是可信度却有了明显的提高。因此，权衡估计的可信度与精确性，考虑验前信息的参数 Bootstrap 方法和非参数 Bootstrap 方法更适合工程应用。

4.6　本章小结

本章研究了基于统计方法的单特性产品飞行成功子样数据包络分析方法，按照可用样本的多少，分别从基本原理、应用过程和典型算例介绍了：

1）适合样本量较大的基于常规统计方法的包络线构建方法、基于统计容许区间和容许限的包络线构建方法；

2）适合样本量小的基于自助法扩充样本的包络线构建、基于贝叶斯统计理论的包络线构建方法；

3）适合特小子样的基于自助法的贝叶斯包络线构建方法。

第5章 多特性产品飞行成功子样数据包络分析

5.1 基于多元统计控制图的产品飞行成功子样数据包络

5.1.1 基本原理

（1）Hotelling T^2 控制图

当对某个产品的多个特性需要同时进行包络分析时，如果不能明确特性之间是独立的，需要考虑变量间的相关性，此时可以借鉴多元统计控制图的理论，解决产品飞行成功数据包络分析中涉及多特性包络线构建的问题，统计质量控制理论中常采用 Hotelling T^2 控制图进行多元质量控制，设需要分析的变量个数为 p，Hotelling T^2 控制图的统计量 T^2 为

$$T^2 = (\boldsymbol{x} - \bar{\boldsymbol{x}})' \boldsymbol{S}^{-1} (\boldsymbol{x} - \bar{\boldsymbol{x}}) \quad （单值数据）$$

或

$$T^2 = (\bar{\boldsymbol{x}} - \bar{\bar{\boldsymbol{x}}})' \boldsymbol{S}^{-1} (\bar{\boldsymbol{x}} - \bar{\bar{\boldsymbol{x}}}) \quad （成组数据）$$

式中　$\boldsymbol{x}$ ——观测值向量；

　　　$\bar{\boldsymbol{x}}$ ——观测值均值向量；

　　　$\bar{\bar{\boldsymbol{x}}}$ ——观测值总均值向量；

　　　$\boldsymbol{S}$ ——各个（设有 p 个）变量的协方差矩阵。

$$\bar{\boldsymbol{x}} = \begin{bmatrix} \bar{x}_1 \\ \bar{x}_2 \\ \vdots \\ \bar{x}_p \end{bmatrix}, \bar{\bar{\boldsymbol{x}}} = \begin{bmatrix} \bar{\bar{x}}_1 \\ \bar{\bar{x}}_2 \\ \vdots \\ \bar{\bar{x}}_p \end{bmatrix}, \boldsymbol{S} = \begin{bmatrix} s_{11} & s_{12} & \cdots & s_{1p} \\ s_{21} & s_{22} & \cdots & s_{2p} \\ \vdots & \vdots & \ddots & \vdots \\ s_{p1} & s_{p2} & \cdots & s_{pp} \end{bmatrix}$$

其中，$s_{ij}(i \neq j; i, j = 1, 2, \cdots, p)$ 表示协方差，因此 T^2 控制图能够全面考虑各个变量之间的相关性，$\boldsymbol{S}^{-1}$ 为 $\boldsymbol{S}$ 的逆矩阵。

统计量 $\dfrac{n-p}{p(n-1)} T^2$ 服从第一自由度为 p，第二自由度为 $n-p$ 的 F 分布 $F(p, n-p)$。因此

$$T^2 \sim \frac{p(n-1)}{n-p} F(p, n-p) \tag{5-1}$$

在规定显著性水平 α 下，就可以由 α 分位点求出 T^2 控制图的上控制限 UCL

$$\text{UCL} = \frac{p(n-1)}{n-p} F_\alpha(p, n-p) \tag{5-2}$$

而 T^2 控制图的下控制限不存在，0 作为 T^2 控制图的自然下控制限。

T^2 多变量控制图的判异准则如下：如果根据子组样本计算的打点值 T_i^2 均小于控制上限，则认为过程受控，否则认为过程失控，应当查明异常原因并予以排除，同单变量控制图一样，在建立分析用控制图时，子组样本个数 k 通常不应少于 20，当初次建立控制图有失控点时，应剔除相应的失控子组，重新计算 $\bar{x}$ 或 $\overline{x}$ 和 $\bar{S}$，以及控制上限，直至所有点都在控制上限内，即用于确定控制限的各个子组样本都是受控的子组样本。

T^2 控制图的优点是能全面地考虑多个变量间的相关性，并能在变量相关的条件下精确地给出犯第一类错误的概率 α。

（2）小子样多元控制图

建立 T^2 控制图一般应至少有 20 个观测样本（且均为受控子组），否则对均值向量和协方差矩阵的估计就不可靠、不稳定。为了对小批量生产及时进行过程控制，在能够利用的样本数据较少的情况下，可以用两步法建立多变量控制图。所谓两步法，就是先根据少量样本数据确立初步控制限，然后随着样本数据的积累，对已确立的控制限不断进行修正，使之精确化。显然，当样本资料相当充分时，修正的控制限便接近于 T^2 控制图的控制限。

假设我们已收集到 k 组样本，k 的大小不受限制，根据实际产量及经济性具体确定，计算这 k 组样本的样本均值的均值 $\overline{x}$ 和样本协方差矩阵的均值 $\bar{S}$，同样采用 T^2 统计量 $T_i^2 = N(\bar{x}_i - \overline{x})' S_i^{-1}(\bar{x}_i - \overline{x})$ 为各样本的打点值，可以证明，该统计量乘以系数 $\dfrac{kn-k-p+1}{p(k-1)(n-1)}$ 后严格服从第一自由度为 p，第二自由度为 $kn-k-p+1$ 的 F 分布，因此，可定义控制上限的计算公式为

$$UCL = \frac{p(k-1)(n-1)}{kn-k-p+1} F_\alpha(p, kn-k-p+1) \tag{5-3}$$

其中，$F_\alpha(p, kn-k-p+1)$ 表示第一自由度为 p、第二自由度为 $kn-k-p+1$ 的 F 分布的上侧 α 分位数。

如果所讨论的 k 个子组中有 1 个或多于 1 个子组超出控制限，就应当结合单变量统计过程控制确定失控归因于哪些变量，查明原因并予以剔除，然后利用剩下来的受控子组的数据重新计算样本均值的均值 $\overline{x}$ 和样本协方差矩阵的均值 $\bar{S}$，以及各受控子组的 T^2 统计量，确立新的控制限，继续检验有无失控现象。如此反复，直到用来建立控制图的各子组都不失控为止。按此方法建立的控制限称为初步控制限，相当于单变量统计过程中分析用控制图的控制限。

当初步控制限建立后，即利用确立初步控制限的 k 值，按照公式

$$UCL = \frac{p(k-1)(n-1)}{kn-k-p+1} F_\alpha(p, kn-k-p+1) \tag{5-4}$$

对已建立的控制限进行修正，以检验未来的一批子组是否受控，相当于控制用控制图的控制限，其检验统计量为

$$T_f^2 = N(\bar{x}_f - \overline{x})' S^{-1}(\bar{x}_f - \overline{x})$$

式中　$\bar{x}_f$——待抽子组的均值向量;

　　$\bar{\bar{x}}$, $\boldsymbol{S}^{-1}$——分别为确立初步控制限时 k 个受控子组的 $\bar{\bar{x}}$ 和 $\bar{\boldsymbol{S}}$。

当又有了一批受控的子组数据后,就把从开始积累起来的全部受控子组的数据综合起来,重新计算 $\bar{\bar{x}}$ 和 $\bar{\boldsymbol{S}}$,进一步修正控制限,如此不断修正使控制限逐步趋于稳定和可靠。随着样本资料的增多,控制限逐渐趋于稳定,修正量越来越小,最后可以直接用 T^2 控制图进行处理。

每次修正需要补充受控子组的数目原则上没有限制,只要有一个即可。但实际上不宜过多或过少,过少则修正频繁,过多则漏掉失控子组的可能性增大,失去早期控制的意义。

5.1.2　应用过程

1) 计算各样本的 Hotelling T^2 统计量 T_i^2: $T_i^2 = (x_i - \bar{\bar{x}})'\bar{\boldsymbol{S}}'(x_i - \bar{\bar{x}})$。

2) 建立多变量控制图需要计算各个样本的 Hotelling T^2 统计量,计算 Hotelling T^2 统计量的步骤如下:

Ⅰ) 计算各样本的 Hotelling T^2 统计量 T_i^2: $T_i^2 = (x_i - \bar{\bar{x}})'\bar{\boldsymbol{S}}'(x_i - \bar{\bar{x}})$;

Ⅱ) 当样本容量 $n = 1$ 时,各样本的协方差矩阵并不存在,此时应按如下步骤计算各样本的 Hotelling T^2 统计量:

a) 设 p 维随机变量 $x = (x_1, x_2, \cdots, x_p)'$ 服从 p 维正态分布 $N_p(\mu, \Sigma)$,从中抽取 k 个样本 $x_1 = (x_{11}, x_{12}, \cdots, x_{1p})'$, $x_2 = (x_{21}, x_{22}, \cdots, x_{2p})'$, $\cdots$, $x_k = (x_{k1}, x_{k2}, \cdots, x_{kp})'$;

b) 计算 k 个样本的平均值 $\bar{x}$: $\bar{x} = (\frac{1}{k}\sum_{i=1}^{k}x_{i1}, \frac{1}{k}\sum_{i=1}^{k}x_{i2}, \cdots, \frac{1}{k}\sum_{i=1}^{k}x_{ip})'$;

c) 计算 k 个样本的协方差 S: $S = \frac{1}{k-1}\sum_{i=1}^{k}(x_i - \bar{x})(x_i - \bar{x})'$;

d) 计算各样本的 Hotelling T^2 统计量 T_i^2: $T_i^2 = (x_i - \bar{x})'\boldsymbol{S}^{-1}(x_i - \bar{x})$。

Hotelling T^2 统计量的计算比较复杂,一般需编写程序或用专门的 SPC 软件来解决计算问题。

3) Hotelling T^2 多变量控制图只有上控制限,下控制限为 0,它的上控制限为

$$\text{UCL} = \frac{p(k-1)(n-1)}{kn - k - p + 1}F_\alpha(p, kn - k - p + 1) \tag{5-5}$$

式中　n——样本容量;

　　k——样本个数;

　　p——质量特性的个数;

　　$F_\alpha(p, kn - k - p + 1)$——$F$ 分布的临界值,可从 F 分布表中查出,α 为分布的分位点,通常取 0.05 或 0.01,常规控制图的 α 为 0.002 7。

4) 当样本容量 $n = 1$ 时,Hotelling T^2 多变量控制图的上控制限为

$$T_a^2 = \frac{p\ (k-1)^2}{k\ (k-p)^2} F_a(p, k-t) \tag{5-6}$$

根据计算的控制图参数建立 Hotelling T^2 多变量控制图。

5）建立控制图，纵坐标为各个样本的统计量，横坐标为样本序号。根据计算得出的多变量的上控制限，在坐标图上绘出上控制限，并在线的右端标明相应的数值，然后把各个样本的统计量在坐标图上打点，并将各点用直线连接，就可以得到一张 Hotelling T^2 多变量控制图。

6）根据判断准则对绘制好的 Hotelling T^2 多变量控制图进行分析。

7）判断产品质量是否稳定，不稳定时经过分析去除不稳定点，重新构建包络线。

8）将待分析产品数据进行综合计算得出待分析产品数据的 T_i^2 统计量，与包络线进行对比分析。

5.1.3　算例

以某运载火箭控制系统为例，选取了系统数据中较为关键的时间特征参数、指令特征参数、系统输入参数、系统输出参数和特征参数一致性偏差进行包络分析，共 12 个测试参数，上述参数均可以表征系统工作的正确性和稳定性。各参数具体的数值及历次成功数据见表 5-1。

1）在对各参数相关性不清楚的情况下，首先分别对各参数进行产品飞行成功子样数据包络分析，分析结果如图 5-1 所示。

2）从图 5-1 可知，第 6 个样本的系统输入参数 3 误差系数和第 8 个样本的系统输入参数 5 误差系数超出了统计包络范围，属于异常数据，在分析时需要予以剔除（需要注意的是要结合工程经验分析数据是否异常）。重新利用 Minitab 软件进行数据分析，构建包络线，如图 5-2 所示。

3）对 12 个关键参数进行相关性检验，各参数之间的 Pearson 相关系数见表 5-2。从表中可以看出，对现有的 19 个数据进行统计分析表明只有 c_1（时间特征参数 1 偏差值）和 c_2（时间特征参数 2 偏差值）之间的 P 值小于 0.05，因此，基于 19 个样本数据，在 95% 的置信度下，只有时间特征参数 1 偏差值和时间特征参数 2 偏差值之间存在正相关关系，其他参数之间不存在相关性。

4）因此针对时间特征参数 1 偏差值和时间特征参数 2 偏差值采用 Hotelling T^2 多变量控制图构建包络线，其他参数独立构建包络线进行分析，采用 Minitab 软件分析，构建的包络线如图 5-3 所示。

5）对待分析数据的时间特征参数 1 偏差值和时间特征参数 2 偏差值与 19 个样本数据进行综合计算得出待分析产品数据的 T^2 统计量 $T^2 = 0.41$，可知在包络范围内。

6）包络结果如下：

a）时间特征参数 1 偏差值和时间特征参数 2 偏差值组合包络指标在包络范围内；

b）各单项参数均在包络范围内。

表 5 - 1　某型火箭控制系统发射场测试数据分析统计表

序号	检查或试验项目	设计要求性能指标	待分析数据	与指标符合性	包络范围涉及产品性能数据样值																			
					火箭发次 X1	火箭发次 X2	火箭发次 X3	火箭发次 X4	火箭发次 X5	火箭发次 X6	火箭发次 X7	火箭发次 X8	火箭发次 X9	火箭发次 X10	火箭发次 X11	火箭发次 X12	火箭发次 X13	火箭发次 X14	火箭发次 X15	火箭发次 X16	火箭发次 X17	火箭发次 X18	火箭发次 X19
1	时间特征参数1偏差值	≤0.2 s	0.029	符合	0.025	0.031	0.019	0.031	0.054	0.014	0.024	0.042	0.059	0.021	0.021	0.014	0.019	0.032	0.046	0.037	0.038	0.014	0.015
2	时间特征参数2偏差值	≤0.3 s	0.052	符合	0.032	0.078	0.052	0.057	0.099	0.021	0.042	0.085	0.176	0.025	0.026	0.011	0.02	0.072	0.137	0.119	0.102	0.02	0.06
3	指令特征参数偏差值	≤50 ms	3	符合	5	6	6	5	3	3	7	3	5	4	5	3	3	4	4	4	3	3	4
4	系统输入参数1零位	≤0.12 V	0.024 3	符合	0.029	0.008 5	0.020 2	0.011 3	0.023 4	0.009 3	0.019 1	0.010 8	0.055 3	0.026 5	0.032 4	0.046 1	0.014 1	0.023 9	0.020 4	0.019 8	0.033 5	0.031 9	0.035 6
5	系统输入参数2误差系数（%）	≤0.5%	0.01%	符合	0.013	0.008	0.034	0.00 26	0.021 2	0.007 4	0.007	0.013 9	0.044	0.016	0.007	0.003 4	0.005	0.010 7	0.016 3	0.021 1	0.002 2	0.024 6	0.007 7
6	系统输入参数3误差系数	≤0.5 s	0.015 5	符合	0.113	0.008 5	0.020 2	0.011 3	0.023 4	0.009 3	0.019 1	0.011 2	0.001	0.066	0.018 8	0.017	0.041 8	0.010 3	0.028 2	0.012 5	0.016 4	0.008 6	0.002 3
7	系统输入参数4误差系数	≤2″/s	0.044	符合	0.05	0.078 4	0.046 9	0.013 7	0.052 8	0.033	0.100 1	0.046 2	0.077 5	0.117	0.141 4	0.052 1	0.036 8	0.105 7	0.142 7	0.061 6	0.049 2	0.068 7	0.057 3
8	系统输入参数5误差系数	≤ 0.05 g_0	0.000 2 g_0	符合	0	0.000 1	0.000 1	0.000 2	0.000 1	0.000 1	0.000 1	0.000 2	0.000 1	0.000 3	0.000 7	0.000 3	0.000 2	0.000 1	0.000 1	0.000 2	0.000 1	0.000 1	0.000 1

续表

序号	检查或试验项目	设计要求性能指标	待分析数据	与指标符合性	包络范围涉及产品性能数据样值																		
					火箭发次 X1	火箭发次 X2	火箭发次 X3	火箭发次 X4	火箭发次 X5	火箭发次 X6	火箭发次 X7	火箭发次 X8	火箭发次 X9	火箭发次 X10	火箭发次 X11	火箭发次 X12	火箭发次 X13	火箭发次 X14	火箭发次 X15	火箭发次 X16	火箭发次 X17	火箭发次 X18	火箭发次 X19
9	输入特征参数一致性误差	≤1 440个	72.955 7	符合	47.5	10	157.91	113.57	13.22	127.73	128.1	206.3	28.8	133.97	76.96	48.92	37.636	48.037 8	108.3	48.09	70.64	26.69	133.570 7
10	一级系统输出参数偏差(%)	绝对值≤12%	3.05%	符合	3.84	4.27	5.04	2.76	5.839 7	5.887 5	4.82	4.530 9	4.74	4.32	3.17	3.238	3.519 2	3.957 5	5.63	4.95	2.448	4.506	5.634 7
11	二级系统输出参数偏差(%)	绝对值≤12%	1.48%	符合	2.31	2.23	3.32	4.68	4.181 4	3.499 6	2.69	5.372 3	2.9	2.23	3.87	2.068 6	3.002 6	5.237 4	3.21	3.88	2.444	4.211	2.449
12	三级系统输出参数偏差(%)	绝对值≤18%	6.58%	符合	5.43	6.07	6.98	8.06	5.916 5	4.401	10.87	4.380 1	8.53	6.73	6.58	5.630 2	4.278 1	4.757 2	5.3	8.86	8.821	3.039	4.302 4

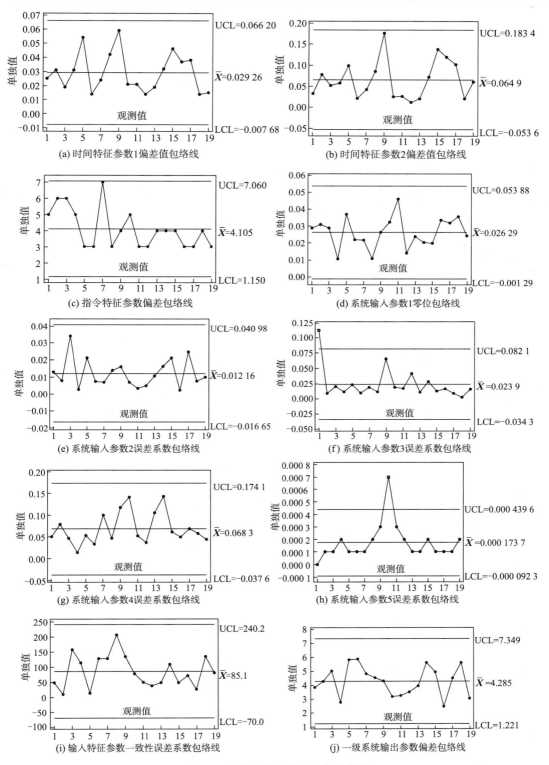

图 5-1　控制系统单特性包络分析图

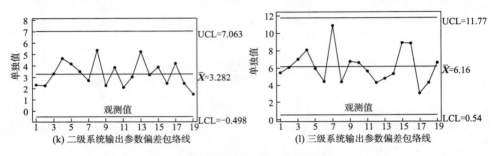

图 5-1　控制系统单特性包络分析图（续）

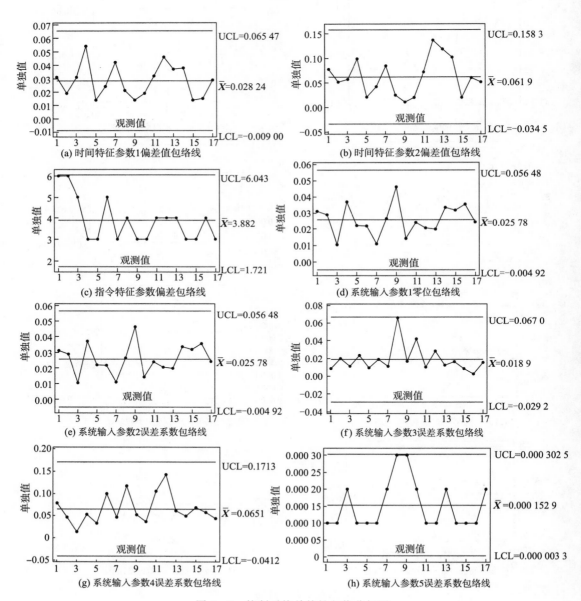

图 5-2　控制系统单特性包络分析图

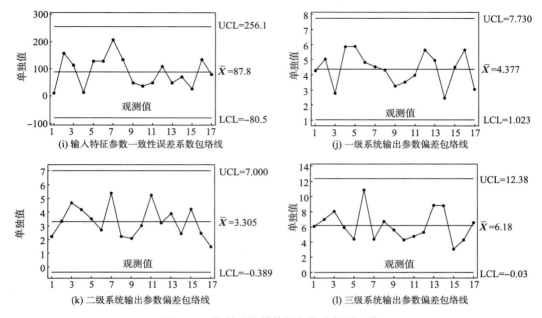

(i) 输入特征参数一致性误差系数包络线　　　　(j) 一级系统输出参数偏差包络线

(k) 二级系统输出参数偏差包络线　　　　(l) 三级系统输出参数偏差包络线

图 5-2　控制系统单特性包络分析图（续）

需要注意的是本案例分析仅仅基于数据本身给出的统计规律，而且样本量在 20 以下，计算结果还需要综合工程知识进行解释。

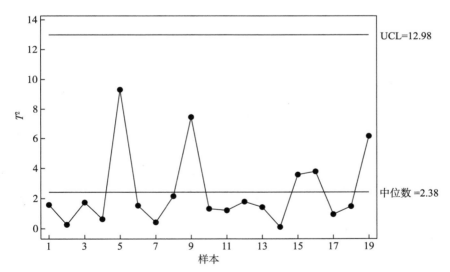

图 5-3　控制系统时间特征参数 1 偏差值和时间特征参数 2 偏差值组合包络线

表 5-2　关键参数相关性检验

	c_1	c_2	c_3	c_4	c_5	c_6	c_7	c_8	c_9	c_{10}	c_{11}	c_{12}
c_1		0.857 0.000	−0.116 0.635	−0.229 0.346	0.133 0.588	−0.051 0.836	0.102 0.679	−0.188 0.441	−0.089 0.718	0.120 0.624	0.333 0.163	0.221 0.363
c_2			−0.031 0.899	−0.190 0.436	0.200 0.411	−0.245 0.313	0.153 0.532	−0.293 0.223	−0.000 0.999	0.264 0.275	0.238 0.326	0.242 0.318
c_3				−0.073 0.766	0.083 0.736	0.115 0.638	0.290 0.228	−0.014 0.954	0.147 0.548	0.053 0.830	−0.112 0.647	0.538 0.017
c_4					0.051 0.835	0.003 0.990	0.139 0.572	0.090 0.715	−0.416 0.077	0.010 0.967	−0.441 0.059	−0.091 0.711
c_5						0.077 0.754	0.089 0.717	−0.222 0.360	0.080 0.743	0.528 0.020	0.238 0.326	−0.132 0.589
c_6							0.078 0.751	−0.110 0.655	−0.105 0.669	−0.116 0.635	−0.324 0.176	−0.026 0.914
c_7								0.393 0.096	−0.017 0.946	0.144 0.555	−0.005 0.985	0.075 0.759
c_8									0.052 0.834	−0.382 0.107	0.066 0.788	0.091 0.711
c_9										0.221 0.363	0.151 0.538	0.103 0.674
c_{10}											0.168 0.492	−0.242 0.319
c_{11}												−0.211 0.386
c_{12}												

注:表中单元格内的数据上为 Pearson 相关系数,下为 P 值。

5.2　基于主成分分析法关键特性解耦

5.2.1　基本原理

如果遇到多个变量之间存在一定的相关性，为了简化操作，通常希望用少数几个变量来代替原有的多个变量，而且要求这少数的几个变量能尽可能地反映原有的多个变量的信息，这就是数据降维的一种思想，主成分分析法就是一种降低数据维数的方法。

主成分分析法是把原来多个变量化为少数几个综合指标的一种统计分析方法。假定有 n 个样本，每个样本共有 p 个变量描述，这样就构成了一个 $n \times p$ 阶的数据矩阵。如果记原来的变量指标为 x_1，x_2，$\cdots$，x_p，综合指标——新变量指标为 z_1，z_2，$\cdots$，$z_m (m \leqslant p)$，则

$$X = \begin{bmatrix} x_{11} & x_{12} & \cdots & x_{1p} \\ x_{21} & x_{22} & \cdots & x_{2p} \\ \vdots & \vdots & & \vdots \\ x_{n1} & x_{n2} & \cdots & x_{np} \end{bmatrix} \tag{5-7}$$

$$\begin{cases} z_1 = l_{11}x_1 + l_{12}x_2 + \cdots + l_{1p}x_p \\ z_2 = l_{21}x_1 + l_{22}x_2 + \cdots + l_{2p}x_p \\ \qquad\qquad\qquad \vdots \\ z_m = l_{m1}x_1 + l_{m2}x_2 + \cdots + l_{mp}x_p \end{cases} \tag{5-8}$$

在式（5-8）中，系数 l_{ij} 由下列原则来决定：

1）z_i 与 $z_j (i \neq j; i, j = 1, 2, \cdots, m)$ 相互无关；

2）z_1 是 x_1，x_2，$\cdots$，x_p 的一切线性组合中方差最大者；z_2 是与 z_1 不相关的 x_1，x_2，$\cdots$，x_p 的所有线性组合中方差最大者；$\cdots$；z_m 是与 z_1，z_2，$\cdots$，z_{m-1} 都不相关的 x_1，x_2，$\cdots$，x_p 的所有线性组合中方差最大者。

z_1，z_2，$\cdots$，z_m 分别称为原变量指标 x_1，x_2，$\cdots$，x_p 的第一，第二，$\cdots$，第 m 主成分。其中，z_1 在总方差中占的比例最大，z_2，z_3，$\cdots$，z_m 的方差依次递减。在实际问题的分析中，常挑选前几个最大的主成分，这样既减少了变量，又抓住了主要矛盾，简化了变量之间的关系。

从以上分析可以看出，找主成分就是确定原来变量 $x_j (j = 1, 2, \cdots, p)$ 在诸主成分 $z_i (i = 1, 2, \cdots, m)$ 上的载荷 $l_{ij} (i = 1, 2, \cdots, m; j = 1, 2, \cdots, p)$，从数学上容易知道，它们分别是 x_1，x_2，$\cdots$，x_p 的相关矩阵的 m 个较大的特征值所对应的特征向量。

主成分分析法的计算过程如下：

设对 p 个变量 x_1，x_2，$\cdots$，x_m 进行 n 次观测，得到观测数据矩阵

$$X = [x_{ij}]_{n \times p} = \begin{bmatrix} x_{11} & x_{12} & \cdots & x_{1p} \\ x_{21} & x_{22} & \cdots & x_{2p} \\ \vdots & \vdots & & \vdots \\ x_{n1} & x_{n2} & \cdots & x_{np} \end{bmatrix} \tag{5-9}$$

设 $\tilde{x}_{ij} = \dfrac{x_{ij} - \bar{x}_j}{s_j} (i = 1, 2, \cdots, n; j = 1, 2, \cdots, p)$ 是中心标准化的观测数据，其

中 $\bar{x}_j = \dfrac{1}{n}\sum\limits_{i=1}^{n} x_{ij}$ 是变量 x_j 的样本均值，$s_j = \sqrt{\dfrac{1}{n}\sum\limits_{i=1}^{n}(x_{ij}-\bar{x}_j)^2}$ 是变量 x_j 的样本标准差。

变换后的 $\tilde{x}_{ij}(i=1,2,\cdots,n;j=1,2,\cdots,p)$ 组成的矩阵是中心标准化的观测数据矩阵。

$$\tilde{X}=[\tilde{x}_{ij}]_{n\times p}=\begin{bmatrix} \tilde{x}_{11} & \tilde{x}_{12} & \cdots & \tilde{x}_{1p} \\ \tilde{x}_{21} & \tilde{x}_{22} & \cdots & \tilde{x}_{2p} \\ \vdots & \vdots & & \vdots \\ \tilde{x}_{n1} & \tilde{x}_{n2} & \cdots & \tilde{x}_{np} \end{bmatrix} \tag{5-10}$$

按公式 $R=\dfrac{1}{n}\tilde{X}^{\mathrm{T}}\tilde{X}$ 求出的矩阵就是样本相关阵。如果对数据只进行中心化，不进行标准化，即

$$\tilde{x}_{ij}=x_{ij}-\bar{x}_j(i=1,2,\cdots,n;j=1,2,\cdots,p)$$

这时，按公式 $S=\dfrac{1}{n}\tilde{X}^{\mathrm{T}}\tilde{X}$ 求出的矩阵就是样本协方差矩阵。

矩阵 $R=[r_{ij}]_{p\times p}$ 中的元素

$$r_{ij}=\dfrac{\sum\limits_{k=1}^{n}(x_{ki}-\bar{x}_i)(x_{kj}-\bar{x}_j)}{\sqrt{\sum\limits_{k=1}^{n}(x_{ki}-\bar{x}_i)^2\sum\limits_{k=1}^{n}(x_{kj}-\bar{x}_j)^2}}$$

满足 $-1\leqslant r_{ij}\leqslant 1$。

当 $r_{ij}=1$ 时，表示变量 x_i 与变量 x_j 正线性相关；

当 $r_{ij}=0$ 时，表示变量 x_i 与变量 x_j 不相关；

当 $r_{ij}=-1$ 时，表示变量 x_i 与变量 x_j 负线性相关。

对样本相关矩阵 R 作特征分解，得到 $R=U\Lambda U^{\mathrm{T}}$，其中，$\Lambda=\begin{bmatrix} \lambda_1 & & \\ & \ddots & \\ & & \lambda_p \end{bmatrix}$ 是由 R 的

特征值 $\lambda_1\geqslant\lambda_2\geqslant\cdots\geqslant\lambda_p\geqslant 0$ 组成的对角阵，$U=\begin{bmatrix} u_{11} & \cdots & u_{1p} \\ \vdots & & \vdots \\ u_{p1} & \cdots & u_{pp} \end{bmatrix}$ 是由 R 的标准正交化的

特征向量按列并排组成的正交阵。这里 Λ 中 λ_1，λ_2，$\cdots$，λ_p 的值可以通过求解 $\det(R-\lambda I)=0$ 获得，将 λ_i 值带入 $(R-\lambda I)x=0$ 求解获得的基础解系并标准正交化后组成了 U。

U 称为主成分载荷矩阵，它是用主成分 z_1，z_2，$\cdots$，z_m 表示原变量 $\tilde{x}_1$，$\tilde{x}_2$，$\cdots$，$\tilde{x}_p$ 时

的系数矩阵，即有 $\begin{cases} \tilde{x}_1=u_{11}z_1+\cdots+u_{1m}z_m \\ \quad\vdots \\ \tilde{x}_p=u_{p1}z_1+\cdots+u_{pm}z_m \end{cases}$，用矩阵形式表示，就是 $\begin{bmatrix} \tilde{x}_1 \\ \vdots \\ \tilde{x}_p \end{bmatrix}=U\begin{bmatrix} z_1 \\ \vdots \\ z_m \end{bmatrix}$。

由于 U 是正交阵，满足 $U^{-1}=U^{\mathrm{T}}$，所以又有 $\begin{bmatrix} z_1 \\ \vdots \\ z_m \end{bmatrix}=U^{\mathrm{T}}\begin{bmatrix} \tilde{x}_1 \\ \vdots \\ \tilde{x}_p \end{bmatrix}$，即

$$\begin{cases} z_1 = u_{11}\tilde{x}_1 + \cdots + u_{1p}\tilde{x}_p \\ \qquad\qquad \vdots \\ z_m = u_{1m}\tilde{x}_1 + \cdots + u_{mp}\tilde{x}_p \end{cases}$$ ，可见，U 的转置矩阵 U^T 是用原变量 $\tilde{x}_1$，$\tilde{x}_2$，$\cdots$，$\tilde{x}_p$ 表示主

成分 z_1，z_2，$\cdots$，z_m 时的系数矩阵。

特征值 $\lambda_1 \geqslant \lambda_2 \geqslant \cdots \geqslant \lambda_m$ 的大小反映了主成分 z_1，z_2，$\cdots$，z_m 对原变量贡献的大小。

称 $\dfrac{\lambda_j}{\lambda_1 + \cdots + \lambda_m}$ 为第 j 个主成分 Z_j 的贡献率（即 Z_j 的变化在 m 个原变量变化中所占

的百分比），称 $\dfrac{\lambda_1 + \cdots + \lambda_j}{\lambda_1 + \cdots + \lambda_m}$ 为前 j 个主成分的累计贡献率，一般选累计贡献率在 80％的

k 个主成分。

5.2.2　应用过程

主成分分析法适用于具有相关性的产品特性进行产品成功子样数据包络分析，一般来说，一个系统（单机）的内部特性是有可能相互关联的，不同系统（单机）的内部特性相互关联的可能性不大。可以进行相关性检验来做出是否相关的假设判断，工程上的经验对判断特性之间是否具备相关性也是很有效的。

1）收集特性数据，如果记原来的变量指标为

$$x_1，x_2，\cdots，x_p \quad X = \begin{cases} x_{11} & x_{12} & \cdots & x_{1p} \\ x_{21} & x_{22} & \cdots & x_{2p} \\ \vdots & \vdots & & \vdots \\ x_{n1} & x_{n2} & \cdots & x_{np} \end{cases} \qquad (5-11)$$

2）运用主成分分析法，它们的综合指标——新变量指标为 $z_1, z_2, \cdots, z_m (m \leqslant p)$

$$\begin{cases} z_1 = l_{11}x_1 + l_{12}x_2 + \cdots + l_{1p}x_p \\ z_2 = l_{21}x_1 + l_{22}x_2 + \cdots + l_{2p}x_p \\ \qquad\qquad \vdots \\ z_m = l_{m1}x_1 + l_{m2}x_2 + \cdots + l_{mp}x_p \end{cases} \qquad (5-12)$$

3）进行产品飞行成功子样数据的包络，由于 z_i 相互独立，可以应用单一特性成功数据包络的方法进行包络评估。

5.2.3　算例

采用 5.1.3 中的数据，假设 12 个包络参数之间存在相关关系，采用主成分分析法求解产品飞行成功子样数据包络，由于 12 个包络分析参数具有不同的量值，在分析之前需要对各参数进行标准化，令：

$$x_{ij}^* = \frac{x_{ij} - \bar{x}_i}{\sqrt{\sigma_i}}$$

1）对所有的实测数据进行标准化处理，结果见表 5-3。

表 5 - 3　某型火箭控制系统发射场测试数据标准化处理

包络范围涉及产品性能数据样本值

序号	检查或试验项目	火箭发次 X1	火箭发次 X2	火箭发次 X3	火箭发次 X4	火箭发次 X5	火箭发次 X6	火箭发次 X7	火箭发次 X8	火箭发次 X9	火箭发次 X10	火箭发次 X11	火箭发次 X12	火箭发次 X13	火箭发次 X14	火箭发次 X15	火箭发次 X16	火箭发次 X17	火箭发次 X18	火箭发次 X19
1	时间特征参数1偏差值	−0.310 94	0.126 678	−0.748 55	0.126 678	1.804 204	−1.113 23	−0.383 87	0.928 973	2.168 883	−0.602 68	−0.602 68	−1.113 23	−0.748 55	0.199 614	1.220 717	0.564 294	0.637 229	−1.113 23	−1.040 3
2	时间特征参数2偏差值	−0.722 2	0.286 11	−0.283 8	−0.174 2	0.746 425	−0.963 31	−0.503	0.439 548	2.434 244	−0.875 64	−0.853 72	−1.182 51	−0.985 23	0.154 592	1.579 375	1.184 819	0.812 184	−0.985 23	−0.108 45
3	指令特征参数偏差	0.642 726	1.456 846	1.456 846	0.642 726	−0.985 51	−0.985 51	2.270 965	−0.985 51	0.642 726	−0.171 39	0.642 726	−0.985 51	−0.985 51	−0.171 39	−0.171 39	−0.171 39	−0.985 51	−0.985 51	−0.171 39
4	系统输入系数1零位	0.094 959	0.271 844	0.094 959	−1.541 23	0.802 5	−0.524 14	−0.541 83	−1.514 7	2.420 998	−0.126 15	0.395 664	1.607 327	−1.222 83	−0.356 1	−0.665 65	−0.718 71	0.492 951	0.351 443	0.678 68
5	系统输入系数2误差系数（%）	−0.085 87	−0.536 54	1.806 971	−1.023 27	0.653 242	−0.590 62	−0.626 68	−0.004 74	2.708 321	0.184 54	−0.626 68	−0.951 16	−0.806 95	−0.293 18	0.211 58	0.644 229	−1.059 32	0.959 701	−0.563 58
6	系统输入系数3误差系数	3.409 398	−0.553 7	−0.109 98	−0.447 51	0.011 377	−0.523 36	−0.15 17	−0.451 3	−0.838 13	1.626 954	−0.163 07	−0.231 34	0.709 185	−0.485 43	0.193 414	−0.402	−0.254 09	−0.549 9	−0.788 83
7	系统输入系数4误差系数	−0.557 22	0.231 75	−0.643 35	−1.565 67	−0.479 44	−1.029 5	0.834 594	−0.662 79	0.206 748	1.304 09	1.981 942	−0.498 88	−0.923 93	0.990 167	2.018 057	−0.234 97	−0.579 45	−0.037 72	−0.354 42
8	系统输入系数5误差系数	−1.128 32	−0.458 38	−0.458 38	0.211 56	−0.458 38	−0.458 38	−0.458 38	0.211 56	−0.458 38	0.881 499	3.561 257	0.881 99	0.211 56	−0.458 38	−0.458 38	0.211 56	−0.458 38	−0.458 38	−0.458 38

续表

包络范围涉及产品性能数据样值

序号	检查或试验项目	火箭发次 X1	火箭发次 X2	火箭发次 X3	火箭发次 X4	火箭发次 X5	火箭发次 X6	火箭发次 X7	火箭发次 X8	火箭发次 X9	火箭发次 X10	火箭发次 X11	火箭发次 X12	火箭发次 X13	火箭发次 X14	火箭发次 X15	火箭发次 X16	火箭发次 X17	火箭发次 X18	火箭发次 X19
9	输入特征参数一致性误差	-0.631 75	-1.310 22	1.365 832	0.563 613	-1.251 96	0.819 802	0.826 496	2.241 325	-0.970 08	0.932 699	-0.098 75	-0.606 06	-0.810 22	-0.622 02	0.468 266	-0.621 08	-0.213 1	-1.008 26	0.925 475
10	一级系统输出参数偏差（%）	-0.519 34	-0.100 96	0.648 233	-1.570 15	1.426 323	1.472 831	0.434 178	0.152 891	0.356 34	-0.052 31	-1.171 23	-1.105 07	-0.831 47	-0.405 01	1.222 29	0.560 665	-1.873 72	0.128 663	1.226 863
11	二级系统输出参数偏差（%）	-1.017 34	-1.095 06	-0.036 09	1.285 185	0.800 78	0.138 392	-0.648 16	1.957 775	-0.444 14	-1.095 06	0.498 246	-1.251 87	-0.344 46	1.826 715	-0.142 96	0.507 962	-0.887 15	0.829 538	-0.882 3
12	三级系统输出参数偏差（%）	-0.411 05	-0.094	0.356 789	0.891 797	-0.170 04	-0.920 79	2.283 808	-0.931 14	1.124 624	0.232 945	0.158 638	-0.311 87	-0.981 67	-0.744 34	-0.475 45	1.288 099	1.208 779	-1.595 49	-0.969 63

2）采用 Minitab 对数据进行主成分分析，分析结果见表 5-4。

表 5-4　主成分分析特征根与累计贡献率

序号	1	2	3	4	5	6
特征值	2.915 9	1.999 5	1.638 3	1.418 7	1.240 8	0.945 9
比率	0.243	0.167	0.137	0.118	0.103	0.079
累计贡献率	0.243	0.410	0.546	0.664	0.768	0.847
序号	7	8	9	10	11	12
特征值	0.6262	0.5701	0.2769	0.1792	0.1530	0.0355
比率	0.052	0.048	0.023	0.015	0.013	0.003
累计贡献率	0.899	0.946	0.969	0.984	0.997	1.000

3）针对表 5-4 中列出的相关系数矩阵的特征根以及相应的累计贡献率，可计算得出各特征根所对应的独立的特征向量，前三个特征向量见表 5-5，按照规则来说应取累计贡献率在 80% 左右的前几个特征根。

表 5-5　前三个特征根相应的特征向量

新变量	z_1	z_2	z_3
x_1	0.487	−0.097	−0.115
x_2	0.532	−0.076	−0.105
x_3	0.117	0.402	−0.350
x_4	0.252	0.337	0.407
x_5	0.431	−0.043	0.120
x_6	−0.175	0.236	0.204
x_7	0.103	0.274	−0.255
x_8	−0.212	0.196	−0.330
x_9	−0.138	−0.219	−0.431
x_{10}	0.250	−0.272	0.115
x_{11}	0.036	−0.517	−0.320
x_{12}	0.219	0.386	−0.396

4）采用表 5-5 中的特征向量进行数据的转换，得到转换后的待分析的新特征量的数据，见表 5-6。

表 5-6 转换后的新特征量的数据

序号 \ 新变量	z_1	z_2	z_3
1	−1.057 65	1.456 82	1.825 819
2	0.535 114	1.353 548	0.411 706
3	0.558 226	0.023 003	−0.489 51
4	−1.141 75	−0.725 76	−1.921 06
5	2.210 961	−1.197 5	1.254 632
6	−1.415 44	−1.868 78	0.733 311
7	0.085 518	1.853 327	−2.089 37
8	−0.251 46	−3.180 61	−1.624 16
9	4.922 245	1.110 666	0.663 798
10	−1.199 12	1.385 748	−0.249 33
11	−1.591 68	1.888 42	−2.008 44
12	−1.795 23	1.325 871	1.584 514
13	−2.247 51	−0.467 65	1.002 951
14	0.114 758	−1.125 85	−0.427 84
15	1.740 983	−0.576 64	−0.642 88
16	1.509 182	−0.383 27	−0.776 9
17	0.183 623	0.888 113	0.164 889
18	−0.638 12	−1.225 02	1.699 026
19	−0.522 64	−0.534 44	0.888 844

5）基于表 5-6 中的新变量独立开展产品成功数据包络分析，采用 99.73% 的置信度，取 3σ 构建包络线图，如图 5-4 所示，从图上可看出新变量的第 9 个点超出了包络范围，属于包络分析的异常数据，应在综合分析的基础上予以剔除。

6）剔除异常数据后，构建产品成功数据包络线，如图 5-5 所示。

从图 5-5 中可以确定三个独立变量的包络线：

z_1：−3.498～2.951；z_2：−3.970～3.847；z_3：−3.652～3.578。

7）对待分析的数据与剔除样本 9 后的数据一起进行标准化处理，利用表 5-5 所示的转换关系将标准化后的待分析数据转换为三个独立的变量，具体数值见表 5-7。

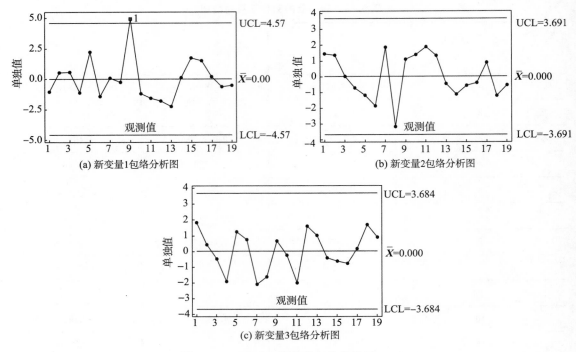

图 5-4　三个独立变量的包络分析图（一）

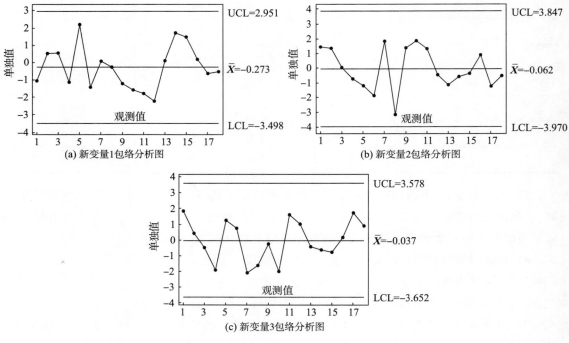

图 5-5　三个独立变量的包络分析图（二）

表 5 - 7　待分析数据与转换的三个独立变量

序号	1	2	3	4	5	6	7	8
待分析数据	0.029	0.052	3	0.024 3	0.010 0	0.015 5	0.044 0	0.000 2
标准化变量	0.112 734	0.174 085	0.889 532	0.217 469	0.257 780	0.322 917	0.666 904	0.177 233
序号	9	10	11	12	z_1	z_2	z_3	
待分析数据	79.955 7	3.050 0	1.480 0	6.580 0	—	—	—	
标准化变量	0.095 922 7	1.157 59	1.620 10	0.217 407	-0.644 32	0.615 684	0.583 466	

8）将三个独立变量与包络区间进行对比分析发现都在包络范围内。

9）给出结论：从统计的角度分析各参数均在包络范围内，属于包络合格。

需要注意的是，本实例只是从方法应用的角度介绍了主成分分析法在多特性包络分析中的应用过程，分析结果完全基于样本数据，并没有考虑各特性之间关联的物理意义，而且在剔除异常数据时也只是从统计角度进行分析，并没有进行工程分析，在具体运用时，特别需要结合工程实际，采用工程分析和统计分析相结合的方法进行分析。

5.3　基于支持向量机的多元产品飞行成功子样数据包络分析方法

传统的多元控制图其理论基础是特性服从多元正态分布，因此采用传统的控制图方法进行包络分析时，往往需要先对特性的正态分布进行检验。但在航天多品种小批量研制模式下，由于样本量小，难以验证特性服从多元正态分布，而且很多特性本身也不服从正态分布，目前国外研究学者针对该类问题，提出了基于统计学习理论的多元统计控制方法，为多元产品飞行成功子样数据包络分析提供了借鉴。本文采用基于核距离的多元控制图方法来构建多元产品飞行成功子样数据包络线，核距离是核中心与所监控样本距离的度量，可用支持向量机（Support Vector Machine，SVM）的方法计算核距离，该方法利用了先前成功的样本信息。支持向量机相比人工神经网络，其训练样本不需要失败的样本，因此更适合产品飞行成功子样数据包络分析。

5.3.1　基本原理

分系统、系统级的很多质量特性都不是独立的，而是彼此相关的，相关的主要原因是大部分系统由许多分系统组成，这些分系统彼此相互连接，分系统的增加导致了通过同时分析多个特性的包络来控制质量非常困难。正如上文所述，目前多元统计过程控制采用的是从单个特性统计过程控制方法衍生而来的 Hotelling T^2 控制图、多元累积和控制图、多元移动指数加权平均控制图，或者通过主成分分析等方法对多元特性进行解耦处理，解耦成相互独立的特性进行单独分析，且上述控制图的方法的基本假设是特性服从正态分布，但实际应用中，特性的分布往往是未知的，而且很难准确预测，尤其是在航天多品种小批量研制模式下。

　　图 5-6 给出了典型的二元统计过程控制的发展演变过程。其中图 5-6（a）采用休哈特控制图分别监控每个特性，该方法已经证实不能有效地检测出相关特性的失控点，图 5-6（b）表示采用多元控制图监控两个独立的特性，控制限为纵轴和横轴与坐标轴平行的椭圆，当两个特性相关时，如图 5-6（c）所示，椭圆控制限的轴就不与坐标轴平行了，而会按照相关关系进行一定角度的旋转调整，而图 5-6（d）二元控制限随着实测数据进行调整。理想的多元特性产品成功数据包络线应如图 5-6（d）所示，控制限与特性的分布无关，且随着数据的调整而调整。

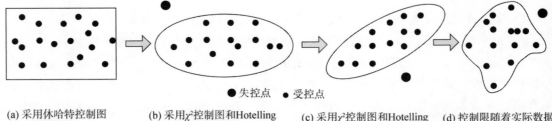

(a) 采用休哈特控制图　　(b) 采用 χ^2 控制图和Hotelling　　(c) 采用 χ^2 控制图和Hotelling　　(d) 控制限随着实际数据
　分别监控每个特性　　　控制图监控两个独立特性　　　控制图监控两个相关特性　　进行调整，不一定是
　　　　　　　　　　　　　　　　　　　　　　　　　　　　　　　　　　　　　椭圆形

图 5-6　二元统计过程控制的发展演变过程

　　支持向量机的目的是寻找一个最优分类超平面，对于线性分类问题，此最优分类超平面不仅要正确区分训练样本，而且需要分类间隔达到最大；对于非线性分类问题，则需要一个非线性函数映射把训练样本映射到一个高维特征空间，并在此高维特征空间中寻找这个最优分类超平面。支持向量机具有泛化能力强、全局最优、拟合性较好并且能够较好地处理非线性、高维数、小样本等问题的优点。支持向量机的基本原理如下：

　　给定训练样本集 $\{(x_1，y_1)，(x_2，y_2)，\cdots，(x_i，y_i)，\cdots，(x_l，y_l)\}$，$x_i \in \boldsymbol{R}^n$，$y_i \in \{-1，1\}$，$l$ 为训练样本数，n 为每个输入样本的维度，则 $(X，Y)$ 的分离超平面表示为

$$(\boldsymbol{w} \cdot \boldsymbol{x}) + b = 0 \qquad\qquad (5-13)$$

　　$\boldsymbol{w}$ 为相关系数向量，$\boldsymbol{x} = (X，Y)$，b 为偏置项，$(\cdot)$ 为两个向量的内积运算。两类之间的距离定义为每一类离分离超平面最近的点垂直于超平面之间的距离。SVM 构建两类之间距离最大的分离超平面，为了求解式（5-13），得出两类距离最大的解 $(w_0，b_0)$，等同于求解如下的二次规划问题

$$\text{Min}\Phi(\boldsymbol{w}) = \frac{1}{2}(\boldsymbol{w}，\boldsymbol{w}) \qquad\qquad (5-14)$$

满足

$$y_i[(\boldsymbol{w} \cdot \boldsymbol{x}_i) + b] \geqslant 1, i = 1, 2, \cdots, l \qquad\qquad (5-15)$$

　　式（5-15）的解是唯一的，因为只有一个超平面 $(w_0，b_0)$ 才得出最大距离，采用拉格朗日乘子求解 w_0。

$$w_0 = \sum_{i=1}^{l} \alpha_{0i} y_i x_i \tag{5-16}$$

α_{0i} 为非负实数，根据 Kuhn‐Tucker 条件，它们都是下列二次规划问题的解

$$\mathrm{Max}W(\alpha) = \sum_{i=1}^{l} \alpha_i - \frac{1}{2} \sum_{i=1,j=1}^{l} \alpha_i \alpha_j y_i y_j (x_i \cdot x_j) \tag{5-17}$$

满足

$$\alpha_i \geqslant 0, i = 1, 2, \cdots, l \tag{5-18}$$

$$\sum_{i=1}^{l} \alpha_i y_j = 0 \tag{5-19}$$

b_0 使用两类中任选一个支持向量进行计算

$$b_0 = -\frac{1}{2} \{ [w_0 \cdot x^*(1)] + [w_0 \cdot x^*(-1)] \} \tag{5-20}$$

$x^*(1)$ 表示来自 $y_i = 1$ 一类的向量，$x^*(-1)$ 表示来自 $y_i = -1$ 一类的向量，将 (w_0, b_0) 代入式（5-13），就可以确定分离超平面。

给定一个向量 z，就可以采用分类函数进行分类

$$f(z) = \sum_{i=1}^{l} \alpha_{0i} y_i (z \cdot x_i) + b_0 \tag{5-21}$$

当 $f(z)$ 大于 $0, z$ 就分为第 1 类（图 5-7 方形所示），否则属于第 2 类（图 5-7 圆形所示）。

由图 5-7 可以看出只有那些离分离面最近的点才对式（5-21）有用，这些特殊点称为支持向量，是确定超平面最有用的点，相应的式（5-17）～式（5-19）中的解 α_{0i} 大部分为 0 或接近于 0，那些非 0 解相应于图 5-7 上所示的画交叉线的支持向量。

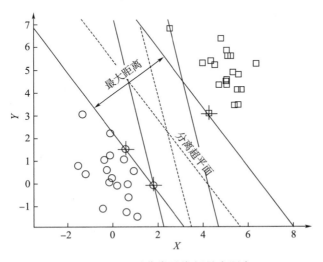

图 5-7　二元分类及类间最大距离

为了构建非线性分类函数，可以采用非线性核函数替换式（5-21）中的内积，常用的核函数有高斯核函数（Gaussian Radial Basis Function，RBF）以及其他满足 Mercer 条

件的数学函数。图 5-8 给出了采用高斯核函数作为核函数的分类情况。

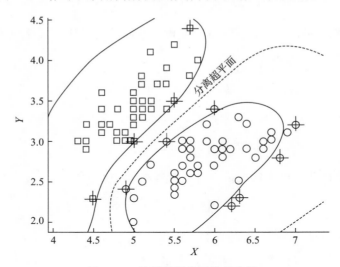

图 5-8　使用高斯核函数的分类

　　支持向量机主要用于二元分类或多元分类，另外一种支持向量方法——支持向量数据描述方法（Support Vector Data Description，SVDD）在机器诊断中用来进行分类。SVDD 的主要思想是将样本包络在尽可能小的多维空间内，首先，将超平面作为包络面，如图 5-9 所示，超平面是 $(X，Y)$ 的包络圆，在故障诊断领域，超平面用来作为收集到了一定正常条件下样本之后的正常和异常之间的边界。

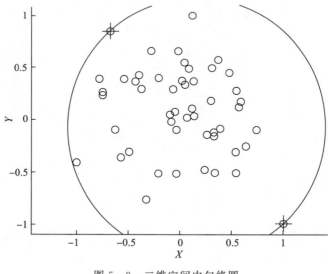

图 5-9　二维空间内包络圆

　　因此，问题就变成了确定含有所有样本数据容积最小的超球的中心 O 和半径 R。约束为

$$(x_i - O)^{\mathrm{T}}(x_i - O) \leqslant R^2, i = 1,2,\cdots,l \tag{5-22}$$

通过拉格朗日乘子求解，拉格朗日乘子函数为

$$L(R, O, \alpha_i) = R^2 - \sum_{i=1}^{l} \alpha_i [R^2 - (x_i - O)^T (x_i - O)] \qquad (5-23)$$

拉格朗日乘子 $\alpha_i \geqslant 0$，L 分别对 O 和 R 偏微分后等于 0，求解

$$\sum_{i=1}^{l} \alpha_i = 1 \qquad (5-24)$$

$$\sum_{i=1}^{l} \alpha_i x_i = 0 \qquad (5-25)$$

采用二次规划技术求解下列优化问题得出 α_i，$i = 1, 2, \cdots, l$，满足 $\sum_{i=1}^{l} \alpha_i = 1$ 和 $\alpha_i \geqslant 0$

$$\text{Max} \sum_{i=1}^{l} \alpha_i (\boldsymbol{x}_i \cdot \boldsymbol{x}_i) - \sum_{i=1, j=1}^{l} \alpha_i \alpha_j (\boldsymbol{x}_i \cdot \boldsymbol{x}_j) \qquad (5-26)$$

大部分 α_i 都等于 0，只有一小部分大于 0，大于 0 的 α_i 对应的采样点称为支持向量，主要基于它们构建最优分类面。

图 5-10（a）给出的分类面并不是样本边界最紧凑的分类面，相对于图 5-10（b），还有很大一片区域没有采样点，基于支持向量边界构建的分类面是包络了所有样本数据且面积或体积最小的分类面。

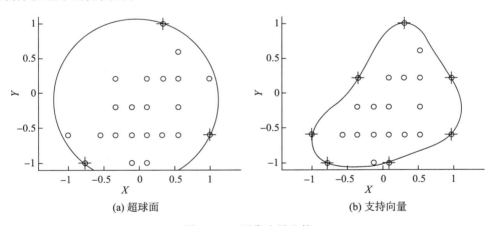

(a) 超球面　　　　　　　　　　　　(b) 支持向量

图 5-10　两类边界比较

为了获得基于边界的支持向量，可以用核函数替换式（5-26）的内积

$$\text{Max} \sum_{i=1}^{l} \alpha_i K(\boldsymbol{x}_i \cdot \boldsymbol{x}_i) - \sum_{i=1, j=1}^{l} \alpha_i \alpha_j K(\boldsymbol{x}_i \cdot \boldsymbol{x}_j) \qquad (5-27)$$

约束条件与式（5-26）相同，这里，$K(\cdot)$ 表示核函数。

常用的核函数如下。

（1）高斯径向基函数

$$K(\boldsymbol{x}_i, \boldsymbol{x}_j) = \exp\left(-\frac{\|\boldsymbol{x}_i - \boldsymbol{x}_j\|^2}{\sigma^2}\right)，\sigma^2 \text{ 为常数}$$

（2）多项式核函数

$$K(x_i, x_j) = (x_i \cdot x_j)^d, d \text{ 为指数常数（} d \in \mathbf{N}_+ \text{）}$$

图 5-11 给出了由 SVDD 方法得出的另外一组数据的边界，采用高斯径向基函数作为核函数，图上左下角的样本从欧氏距离的角度看起来似乎远离其他样本，但仍是正常的样本点，因为在 SVDD 方法中，该点与核中心之间的核距离与其他支持向量相同。因此，图 5-10 和图 5-11 可以看出由 SVDD 求得的边界比分离平面获得的边界要更紧凑和更灵活。

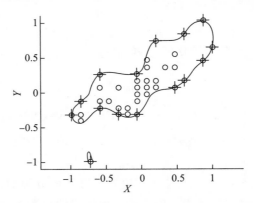

图 5-11　使用高斯径向基函数由 SVDD 获取边界

5.3.2　应用过程

应用多元统计过程控制进行包络分析的主要任务是设计控制限。控制限的设置一般基于正态分布假设。大部分情况下使用控制图之前一般对特性的分布缺乏了解，在分布未知时或分布不是正态分布时，这类方法应用就受限。

图 5-11 中，采样点和中心之间的距离是用来监控的有效指标，距离越远，说明参数偏离正常值的可能性越大，边界是正常与异常状态之间的边界值，从式（5-22）可知，新样本 z 与超平面中心 O 之间的距离 d 定义为

$$d = \sqrt{(z - O)^{\mathrm{T}}(z - O)} \tag{5-28}$$

如果 d 比半径 R 大，则样本就认为是失控，将式（5-25）代入式（5-28），可得

$$d = \sqrt{(z \cdot z) - 2\sum_{i=1}^{l} \alpha_i (z \cdot x_i) + \sum_{i=1, j=1}^{l} \alpha_i \alpha_j (x_i \cdot x_j)} \tag{5-29}$$

用核函数替换内积，求得核函数为

$$kd = \sqrt{(z \cdot z) - 2\sum_{i=1}^{l} \alpha_i K(z \cdot x_i) + \sum_{i=1, j=1}^{l} \alpha_i \alpha_j K(x_i \cdot x_j)} \tag{5-30}$$

由于只有极小一部分 α_i 不等于 0，则核距离可变换为

$$kd = \sqrt{(z \cdot z) - 2\sum_{i \in S} \alpha_i K(z \cdot x_i) + \sum_{i, j \in S} \alpha_i \alpha_j K(x_i \cdot x_j)} \tag{5-31}$$

图 5-12 给出了部分正态分布的样本集。由于样本量不足以支持理论分析假设，包络边界不是由大样本得出的超面。采用 SVDD 识别出最佳的边界，图 5-13 给出了核距离的

控制图（K 图），图上的水平线相当于边界的核距离，可用 K 图监控关键参数、识别异常点而不受分布假设和样本量的限制。

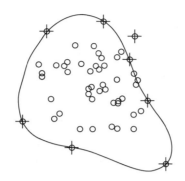

图 5 - 12　正态分布样本及由 SVDD 获取的边界

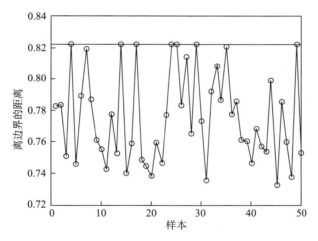

图 5 - 13　由图 5 - 12 构建的 K 图

K 图中的一个关键问题是确定所用的控制限，控制限不再是像传统控制图一样可用具体的数学公式表示的规则边界，而是由支持向量确定，因此，第一步是确定哪些样本是支持向量。

支持向量可通过求解下列二项规划问题从所有样本中选择

$$\text{Max} \sum_{i=1}^{l} \alpha_i K(x_i \cdot x_i) - \sum_{i=1,j=1}^{l} \alpha_i \alpha_j K(x_i \cdot x_j) \qquad (5-32)$$

$$\text{s. t.} \sum_{i=1}^{l} \alpha_i = 1 , \alpha_i \geqslant 0 \qquad (5-33)$$

求解参数 α_i，不为零的 α_i 对应的样本为支持向量，将支持向量和待评价的样本 z 代入式（5 - 31）。计算边界核距离获取控制限，图 5 - 13 所示的水平线为控制限，控制限上的圆点为支持向量，尽管 K 图中的控制限为直线，但高维核空间内为不能用具体公式表达复杂超面。

为了排除一些如图 5-11 所示的特殊点，当判断新样本时，这些点会影响控制图的灵敏度，可增加另外一项约束

$$\text{s.t. } 0 \leqslant \alpha_i \leqslant C, \sum_{i=1}^{l} \alpha_i = 1 \tag{5-34}$$

其中，C 为常数，约定参数 $\alpha_i (i = 1, 2, \cdots, l)$ 的上边界，同一数据不同 C 值下的控制限，C 越小，支持向量就越多，犯第一类错误的概率就越大，因为更多的 α_i 值接近于零，这样的话，获得的边界将明显偏离真实值，相反 C 越大，支持向量就越少，犯第二类错误的概率就越大，因为边界对特殊样本太灵敏了，需要根据具体情况确定 C 的最优值，如何确定最优的 C 值需要综合考虑第一类错误和第二类错误。

采用径向基函数构建 K 图的关键是确定常数 σ^2，σ^2 决定了支持向量集，σ^2 越小，支持向量越多，超平面体积越小，σ^2 越大，支持向量越少，超平面体积越大，计算时可指定 σ^2 值，也可通过下述启发式程序确定 σ^2 值。

第 1 步：计算数据集内所有数据点之间的平均最短距离 n_d，$n_d = E_\xi(x_i^{nnd})$，E_ξ 为训练集 ξ 的取平均计算，$x_i^{nnd} = \| x_j - x_i \| \leqslant \| x_k - x_i \|$，$\forall i \neq k$。

第 2 步：对每一个数据点 x_i：

第 2.1 步：用集合 $S_i = \{ x_j : \| x_j - x_i \|^2 \leqslant (2n_d)^2 \}$ 构建局部健壮性核距离边界（即在半径为 $2n_d$ 的超球内的数据），记为 $rk - B_i^L$，在计算 $rk - B_i^L$ 时，设 $\sigma_i^L = E_{S_i} \| x_i - E_{S_i}(x_i) \|$ 为高斯核（即 S_i 数据与 S_i 均值的平均距离）。$rk - B_i^L$ 的最优半径记为 r_i^*，即二项规划解。

第 2.2 步：如果 $x_i \notin rk - B_i^L (\beta r_i^*)$，即数据点不在内径 βr_i^* 之内，$0 \ll \beta < 1$（β 通常由用户指定，一般为 0.95），将 x_i 加入边界清单中，记为 S^{BL}，此外，对任何属于 S^{BL} 的数据点，不能被其他内部的 $rk - B_i^L$ 接收，此外，如果 $S_i \equiv x_i$，x_i 排除在 S^{BL} 之外，可能是个异常点。

第 3 步：使用下列高斯核参数 $\sigma^* = \arg\max_{\min(x_i^{nnd}) \leqslant \sigma \leqslant \max(x_i^{nnd})} \{ S^{BL} \approx S^{SV}(\sigma) \}$ 构建全局最优的 $rk - B^G$，即 rk 图边界代表了完整的训练集 ξ。

5.3.3　算例

采用 4.3.3 算例中的数据，采用支持向量机的方法构建产品成功数据包络线，具体实施过程如下。

1) 对数据进行标准化处理，消除量纲和大小对数据的影响，见表 5-8；

表 5-8　数据标准化

序号	推力/kN(标准化值)	比冲/s(标准化值)	混合比(标准化值)
1	-0.596 1	0.584 9	-0.609 5
2	0.458 8	-1.589 8	-1.126 8
3	-1.004 9	-0.636	-0.259
4	0.814 8	-1.040 4	1.793 9

续表

序号	推力/kN(标准化值)	比冲/s(标准化值)	混合比(标准化值)
5	−0.873	1.958 4	−1.460 6
6	−0.279 6	0.867 3	0.542 1
7	−1.255 4	−0.689 4	0.058 1
8	−2.323 4	0.356	0.225
9	1.039	−0.124 7	1.042 8
10	0.300 5	0.623 1	0.008 1
11	−1.215 8	1.462 4	0.875 9
12	0.682 9	−0.307 9	0.792 5
13	1.526 8	−0.918 3	1.309 9
14	−0.609 3	0.989 3	1.243 1
15	0.814 8	0.226 3	0.976 1
16	1.184	−0.559 7	−1.644 2
17	−1.453 2	0.096 6	−0.976 6
18	−1.308 1	−1.803 4	0.692 3
19	0.551 1	1.264	−0.959 9
20	−0.345 6	−0.788 6	−0.592 8
21	0.656 6	−0.491	0.692 3
22	0.775 2	1.515 9	0.024 7
23	0.682 9	−0.712 3	1.076 2
24	1.210 4	−0.223 9	−1.327 1
25	0.643 4	−0.315 5	0.492 1
26	1.118 1	1.798 2	−1.627 5
27	−1.08 4	0.272 1	−1.444
28	0.010 5	−0.887 8	0.308 5
29	−0.121 4	−0.925 9	−0.125 5

2）设定限定值 C ，假设 $C = 0.1$，采用径向基函数，通过启发式算法，采用 Matlab 求出最优的 $\sigma = 0.639\ 1$（径向基函数宽）；

3）采用 Matlab 二次线性规划求解算法 quadprog，得出支持向量，见表 5-9；

表 5-9　支持向量求解结果

序号	α_i 值	推力/kN	比冲/s	混合比	支持向量
1	0	78.85	439.62	4.958	否
2	0.086 5	79.65	436.77	4.927	是
3	0	78.54	438.02	4.979	否
4	0.061 1	79.92	437.49	5.102	是

续表

序号	α_i 值	推力/kN	比冲/s	混合比	支持向量
5	0.111 9	78.64	441.42	4.907	是
6	0	79.09	439.99	5.027	否
7	0	78.35	437.95	4.998	否
8	0.109 8	77.54	439.32	5.008	是
9	0	80.09	438.69	5.057	否
10	0	79.53	439.67	4.995	否
11	0.108 3	78.38	440.77	5.047	是
12	0	79.82	438.45	5.042	否
13	0.135 4	80.46	437.65	5.073	是
14	0.000 3	78.84	440.15	5.069	是
15	0	79.92	439.15	5.053	否
16	0.088 8	80.2	438.12	4.896	是
17	0	78.2	438.98	4.936	否
18	0.141 9	78.31	436.49	5.036	是
19	0	79.72	440.51	4.937	否
20	0	79.04	437.82	4.959	否
21	0	79.8	438.21	5.036	否
22	0.001 2	79.89	440.84	4.996	是
23	0	79.82	437.92	5.059	否
24	0	80.22	438.56	4.915	否
25	0	79.79	438.44	5.024	否
26	0.154 9	80.15	441.21	4.897	是
27	0	78.48	439.21	4.908	否
28	0	79.31	437.69	5.013	否
29	0	79.21	437.64	4.987	否

4）由支持向量得出产品飞行成功子样数据包络线

$$d = \sqrt{K(x \cdot x) - 2\sum_{i=1}^{l} \alpha_i K(x \cdot x_i) + \sum_{i=1, j=1}^{l} \alpha_i \alpha_j K(x_i \cdot x_j)}$$

求解结果见表 5-10，从表中可知基于成功子样数据包络分析得出的包络线核距离为 0.851 3。

表 5-10 样本距离

序号	α_i 值	推力/kN	比冲/s	混合比	核距离
1	0	78.85	439.62	4.958	0.748
2	0.086 5	79.65	436.77	4.927	0.851 3

续表

序号	α_i 值	推力/kN	比冲/s	混合比	核距离
3	0	78.54	438.02	4.979	0.770 4
4	0.061 1	79.92	437.49	5.102	0.851 3
5	0.111 9	78.64	441.42	4.907	0.851 3
6	0	79.09	439.99	5.027	0.786 3
7	0	78.35	437.95	4.998	0.776 7
8	0.109 8	77.54	439.32	5.008	0.851 3
9	0	80.09	438.69	5.057	0.819 8
10	0	79.53	439.67	4.995	0.761 5
11	0.108 3	78.38	440.77	5.047	0.851 3
12	0	79.82	438.45	5.042	0.775
13	0.135 4	80.46	437.65	5.073	0.851 3
14	0.000 3	78.84	440.15	5.069	0.851 3
15	0	79.92	439.15	5.053	0.823 5
16	0.088 8	80.2	438.12	4.896	0.851 3
17	0	78.2	438.98	4.936	0.832
18	0.141 9	78.31	436.49	5.036	0.851 3
19	0	79.72	440.51	4.937	0.779 5
20	0	79.04	437.82	4.959	0.765 8
21	0	79.8	438.21	5.036	0.763 5
22	0.001 2	79.89	440.84	4.996	0.851 3
23	0	79.82	437.92	5.059	0.783 9
24	0	80.22	438.56	4.915	0.819 5
25	0	79.79	438.44	5.024	0.758 4
26	0.154 9	80.15	441.21	4.897	0.851 3
27	0	78.48	439.21	4.908	0.843 9
28	0	79.31	437.69	5.013	0.737 9
29	0	79.21	437.64	4.987	0.744 5

　　5）求解新样本（79.53，439.67，4.995）与历史样本的距离，对新样本进行标准化处理，得出标准化后的新样本数据为（0.300 8，0.630 7，0.008 3），采用程序求解

$$kd = \sqrt{K(z \cdot z) - 2\sum_{i \in S} \alpha_i K(z \cdot x_i) + \sum_{i,j \in S} \alpha_i \alpha_j K(x_i \cdot x_j)} = 0.761\ 9$$

　　6）经分析待飞行产品样本在历史成功样本的包络范围内，如图 5-14 所示。

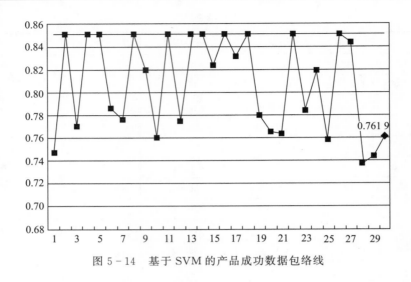

图 5 - 14 基于 SVM 的产品成功数据包络线

5.4 基于数据密度的多元产品飞行成功子样数据包络分析方法

5.4.1 基本原理

数据作为产品在数域上的映射，是分析产品质量的重要依据，航天产品参数结构复杂，数据间存在相关性。例如，某型火箭用环槽铆钉，拉脱力与铆钉断颈槽尺寸、热处理效果等因素存在相关性。断颈槽尺寸根据尖角效应设计，尺寸偏小时会造成拉脱力下降，当尺寸偏大，由于容易造成热处理不充分，也会造成拉脱力的下降，最终导致铆钉的失效。在对存在相关性的多维数据进行包络分析时，除了各个数据对象的数值之外，必须考虑数据之间的相互关系，只有两者同时在包络范围内，方可认为数据包络受控。

直观认为，产品成功数据在"成功中心"聚集，表现在"成功中心"附近数据点多、数据密度较高；如果某个数据偏离大部分成功数据，其空间里数据密度较低，那就有理由怀疑该数据的偏离并非由随机因素产生，而是产生于完全不同的行为模式（"非成功"）。M. M. Breunig 等介绍了数据密度在异常点挖掘中的应用，同时提出了用中心偏离指数 LOF 来评估数据聚集情况，如果数据在空间完全均匀分布，LOF 值为 1；如果数据对象所处的空间领域内数据点越少，密度越小，数据越稀疏，LOF 值越大，且与稀疏程度成正相关关系；如果数据对象邻域内数据点越多，密度越大，数据聚集，LOF 值越小，且与聚集程度成负相关。

应用数据密度的概念，计算 LOF 值可以衡量多维数据是否偏离中心，以及偏离中心的程度，进一步用来进行数据包络分析。由于该方法属于非参数方法，较基于统计方法的数据包络分析，对多维数据服从的分布以及分布参数等先验知识要求较少，适用于对样本量较小的航天产品多维数据进行分析。

5.4.2　应用过程

应用数据密度进行产品成功数据包络分析可以分为六个步骤：1) 收集产品成功数据；2) 数据清洗和预处理；3)、4) 收集待包络分析的数据，并进行数据预处理；5) 包络分析；6) 结论。

1) 收集产品成功数据。假设收集到 m 个产品成功数据样本，每个样本是 n 维数据，记作 $A_i = \{x_{i1}, x_{i2}, \cdots, x_{in}\}$，$i = 1, 2, \cdots, m$。样本容量 m 的大小会影响分析的质量，当样本维数 n 增大时，对样本容量的要求也相应提高。

2) 数据预处理。数据预处理包括数据清洗及数据的归一化。在应用数据密度进行产品飞行成功子样数据包络分析中，计算数据对象的局部可达密度时，涉及计算数据对象间的距离，数据的归一化可以去除单位和量级的影响，避免样本各维数据对计算出来的距离的影响不一致。数据归一化按照式（5-35）及式（5-36）进行

$$x'_{ij} = \frac{x_{ij} - x_{(1)j}}{x_{(m)j} - x_{(1)j}}, j = 1, 2, \cdots, n \tag{5-35}$$

$$A'_i = \{x'_{i1}, x'_{i2}, \cdots, x'_{in}\}, i = 1, 2, \cdots, m \tag{5-36}$$

式中　A'_i——归一化后的数据；

$x_{(1)j}$，$x_{(m)j}$——分别为采集到的成功数据第 i 个维度的最小值与最大值。

3) 收集待包络分析的数据。记收集到的数据为 $B = \{x_1, x_2, \cdots, x_n\}$。

4) 待包络分析的数据归一化

$$x'_i = \frac{x_i - x_{(1)i}}{x_{(m)i} - x_{(1)i}}, i = 1, 2, \cdots, n \tag{5-37}$$

$$B' = \{x'_1, x'_2, \cdots, x'_n\} \tag{5-38}$$

其中 B' 为归一后的数据，$x_{(1)j}$，$x_{(m)j}$ 分别为采集到的成功数据第 i 个维度的最小值与最大值。

5) 约定正整数 k，计算数据集 $S = \{A'_i, B'\}$，$i = 1, 2, \cdots, m$ 各数据对象的中心偏离指数 LOF。首先计算 S 集中任意两个数据对象 p 和 o 之间的距离 $d(p, o)$。距离的计算方式有很多种，由于欧氏距离取平方之后代数计算特性较好，其单调性与欧氏距离一致，选用欧氏距离平方作为距离计算公式，即 $d(p, o) = \sum (x_{pi} - x_{oi})^2$，其中 x_{pi}、x_{oi} 分别是 p 和 o 的第 i 维数据。

计算 S 集中各个对象 p 的 k 阶距离 $\text{kdist}(p)$。$\text{kdist}(p)$ 是指对于正整数 k，满足：1) 至少有 k 个对象 o' 满足 $d(p, o') \leqslant d(p, o)$；2) 至多 $k-1$ 个对象 o' 满足 $d(p, o') < d(p, o)$ 两个条件的对象 p 到另外一个对象 o 的距离 $d(p, o)$。

称距离对象 p 的距离不大于 $\text{kdist}(p)$ 的所有对象的集合为对象 p 的 k 阶距离邻域，记为 $N_k(p)$。$N_k(p)$ 的元素个数记为 $|N_k(p)|$。称 $\max\{\text{kdist}(o), d(p, o)\}$ 为对象 p 相对对象 o 的可达距离，记为 $\text{rdist}_k(p, o)$。

计算 S 集中各个对象 p 的局部可达密度 $\text{lrd}_k(p)$。

$$\mathrm{lrd}_k(p) = 1/\left\{ \frac{\sum\limits_{o \in N_k(p)} \mathrm{rdist}_k(p, o)}{|N_k(p)|} \right\} \qquad (5-39)$$

计算 S 集中各个对象 p 的中心偏离指数 $\mathrm{LOF}_k(p)$。

$$\mathrm{LOF}_k(p) = \frac{\sum\limits_{o \in N_k(p)} \dfrac{\mathrm{lrd}_k(o)}{\mathrm{lrd}_k(p)}}{|N_k(p)|} \qquad (5-40)$$

研究推荐在对多维数据进行分析时，k 取值在 10 至 20 之间。较大的 k 取值会使得结果更加稳定，但是结果的颗粒度也会比较粗糙。产品飞行成功子样数据包络分析的对象一般是航天小批量产品，根据数据试验结果，在数据样本较小的情况下，牺牲一定的结果稳定性，k 取值可以在 4 到 10 之间。

6）包络分析。总体而言，新数据的中心偏离指数越大，从应用数据密度进行产品飞行成功子样数据包络分析的角度来看，其潜在的成功风险就越大，可靠度就越低。如果 B' 的中心偏离指数较 $q(q < m)$ 个成功数据点的中心偏离指数高，用 R_i（$0 \leqslant R_i \leqslant 1$，$i = 1, 2, \cdots, m$）来表示历史成功数据所对应的产品的可靠度，用 R_o（$0 \leqslant R_o \leqslant 1$）表示新采集的数据所对应的产品的可靠度，将 R_i（$i = 1, 2, \cdots, m$）按从小到大进行排序，得到新的数组 $R_{(i)}$（$i = 1, 2, \cdots, m$），则有 $R_o \geqslant R_{(i)}$，$i = 1, 2, \cdots, m-q$，$R_o \leqslant R_{(i)}$，$i = m-q+1, m-q+2, \cdots, m$。知道 $R_{(i)}$（$i = 1, 2, \cdots, m$）所表示的产品已经成功，假定每次成功均是相互独立的，在 95% 的置信度下，有

$$\prod_{i=1}^{m} R_{(i)} = 1 - 95\% \qquad (5-41)$$

这样有

$$\begin{aligned}
1 - 95\% &= \prod_{i=1}^{m} R_{(i)} \\
&= \prod_{i=1}^{m-q} R_{(i)} \prod_{i=m-q+1}^{m} R_{(i)} \\
&= \varepsilon \prod_{i=1}^{m-q} R_{(i)} \\
&\leqslant \prod_{i=1}^{m-q} R_{(i)} \\
&\leqslant \prod_{i=1}^{m-q} R_o = R_o^{\,m-q}
\end{aligned} \qquad (5-42)$$

其中 $0 < \varepsilon \leqslant 1$。

于是可得新采集的数据所表示的产品可靠度 $R_o \geqslant (1 - 95\%)^{1/(m-q)}$。

由此可以给出包络分析的结论："从应用数据密度进行产品飞行成功子样数据包络分析的角度来看，新采集的数据所表示的产品可靠度 $R_o \geqslant (1 - 95\%)^{1/(m-q)}$，潜在的成功风险 $p_o = 1 - R_o \leqslant 1 - (95\%)^{1/(m-q)}$，其成功风险不高于 m 个成功产品中的 $m-q$ 个产品的潜在成功风险"。特殊的，如果 B' 的中心偏离指数较已经成功的产品数据的中心偏离指数

均为高，$m = q$，则可以得到这样的结论："从应用数据密度进行产品飞行成功子样数据包络分析的角度来看，新采集的数据明显地偏离了历史成功数据的中心，其所代表的产品成功的风险较以往成功产品的潜在风险高，可靠度较低"。

5.4.3　算例

收集到一组成功产品二维特性（X，Y）数据，共 200 个，对其进行归一化处理，记为（X'，Y'），绘制的散点图如图 5 - 15 所示。

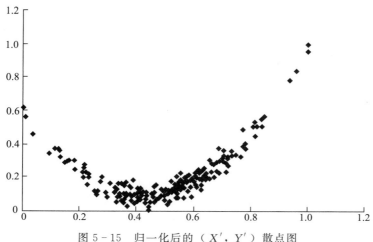

图 5 - 15　归一化后的（X'，Y'）散点图

从图 5 - 15 可以看到采集到的数据呈现出二元相关的特性，当 X' 维数据在 0.45 左右时，Y' 维数据到达低谷；数据在 X' 维 0.3～0.7，Y' 维 0～0.2 之间聚集。对新采集到的数据进行归一化处理，处理后的数值为（0.463，0.313）。取 k 值为 6，采用曼哈顿距离作为计算时的距离测度。绘制出数据的 LOF 计算结果分布如图 5 - 16 所示，其中◆点为（X'，Y'），■点为（X'，LOF）。

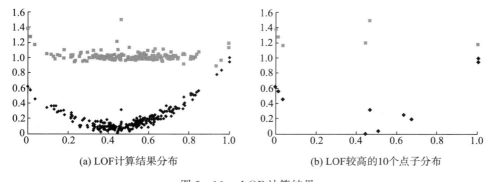

（a）LOF计算结果分布　　　　　　　　（b）LOF较高的10个点子分布

图 5 - 16　　LOF 计算结果

由图 5 - 16（a），大部分数据点的 LOF 在 1 附近，偏离数据中心的位置如点（0.01，0.57）、（0，0.617）、（0.464，0.0.313）等数据的 LOF 较高，新采集到的数据 LOF 值是

最高的。图 5 - 16（b）给出了 LOF 较高的前 10 个点的分布。LOF 较高的 10 个点子（包含新采集的点子）均分布在数据的边缘（距离"中心"较远的地方）。

根据计算出的 LOF 数值，可以得到：从应用数据密度进行产品飞行成功子样数据包络分析的角度来看，新采集的数据明显地偏离了历史成功数据的中心，其所代表的产品成功的风险较以往成功的产品的潜在风险高，可靠度较低。

取 k 值为 6，单独对 X 维数据进行成功包络分析，可以发现新采集数据归一化后的数据 0.463 的 LOF 数值较 200 个历史成功数据中的 63 个数据的 LOF 值高，产品可靠度为 $R_。 \geqslant (1 - 95\%)^{1/(200-63)} = 97.83\%$ ；单独对 Y 维数据进行成功包络分析，可以发现新采集数据 Y 维归一化后的数据 0.313 的 LOF 数值较 200 个历史成功数据中的 110 个数据的 LOF 值高，产品可靠度为 $R_。 \geqslant (1 - 95\%)^{1/(200-110)} = 96.73\%$ 。两者均未能探测出（X，Y）这二维数据代表的产品潜在成功风险。这说明，在数据存在相关性时，应当应用可以处理具备相互相关性的多维成功数据包络分析方法进行分析。

5.5　本章小结

本章研究了多特性的产品飞行成功子样数据包络分析方法，按照可用样本的多少和样本是否存在耦合关系，分为大样本耦合情况下基于多元统计理论的分析方法、大样本耦合情况下基于主成分解耦分析的方法、小子样耦合情况下基于支持向量机和数据密度的分析方法。

第6章 其他类型特性产品成功子样数据包络线构建方法

6.1 动态特性产品成功子样数据包络分析

6.1.1 动态特性描述

　　从系统的输入、输出结构模型，以信号和噪声比以及波动评价系统的健壮性来看，航天产品某些质量特性的目标值随信号因素变化而变化，这些特性称为动态特性，产品的动态特性与目标值固定的静态特性相比，其性能指标不是某一个固定不变的目标值，而是允许在一定的范围内变化，以适应不同任务和环境的要求，动态特性包括随输入和环境因素调整的特性以及探测和感应的计测特性。按输入信号因素的主动与被动来分，动态特性可分为主动型动态特性与被动型动态特性，如果信号来源于根据人的意志所进行的调整，则称为主动型动态特性，如果信号来源于客观存在的信息，则称为被动型动态特性，两者的对比见表 6-1。衡量动态特性有几项指标，其中，可调整性即便于调整，当输入波动与引起的输出波动为线性关系时，系统的可调整性最好，许多系统不要求其直接调整性好，但要求子系统具有可调整性，以利于系统的参数选择与设计。可校正性即便于校正，对计测系统而言，当样本值与读数成比例，即输入/输出＝常数时，对校正最有利。复制性是指系统输出的信息完全、真实地反映（复制）输入信息的性质。复制性既包含了输入与输出信息应具备的线性关系，又包含了稳定性要求。稳定性是指系统的抗干扰（即引起输出波动的因素）能力。输出值 Y 围绕输入—输出线性关系波动，波动越小，稳定性越好。

表 6-1　主动型动态特性与被动型动态特性对比

	类型	
	主动型	被动型
应用	调整	计测
输入信号	调整因素	被计测对象
输出特性	调整值	计测值
可控因素	系统参数	系统参数
质量	可调整性;抗干扰性好	可校正性;抗干扰性好

　　系统的动态特性可以用图 6-1 所示的框图直观地表示。

　　衡量动态特性质量的好坏一般从以下三个方面加以考察。

　　1) 对信号因素是否有较高的灵敏度。

　　2) 输出特性是否便于调整（主动型）或者便于校正（被动型）。为此，输出特性 y 和信号因素 M 之间，应当有较强的线性关系，即

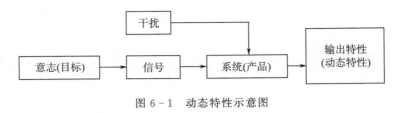

图 6-1　动态特性示意图

$$y = \alpha + \beta M + \varepsilon \qquad\qquad (6-1)$$

$y = \beta M$ 时称为理想功能。动态特性其功能与理想功能之间的差异可分解为两部分，一部分来自功能的斜率 β' 与 β 的差异，这可以通过调整系统参数而消除，另一部分是由于 y 对 $y = \beta'M$ 的波动所致，y 的波动称为功能波动。

3）输出特性抗干扰性好，波动小。在 $y = \alpha + \beta M + \varepsilon$ 中，ε 的大小反映了噪声干扰的强弱。通常假定 ε 服从正态分布 $N(0, \sigma^2)$。因此，若方差 σ^2 小，则输出特性 y 的波动小，抗干扰性好。

6.1.2　数据包络分析

动态特性作为产品的输出，其波动反映了产品质量状态，但由于其目标值随着信号因素的变动而变动，在处理该类特性时，有两种思路，一种是将动态特性进行转换，转换的基本思路是针对动态特性的质量指标，将其转换为可以考核的较为稳定的指标，再对稳定的转换指标进行包络分析。针对调整性特性，采用静态特性方法开展产品成功子样数据包络分析。在实际工作中，可以从灵敏度、可调整性和抗干扰性三个方面来进行特性的包络分析。例如，汽车工程中用速度导纳来评价结构的动态特性，速度导纳响应越小，表明相同激励力下结构振动响应越小，稳定性越好。另一种思路是采用数理统计方法基于置信区间直接构建动态特性的包络线。

6.1.3　应用非参数估计构建成功包络线

航天产品在飞行试验过程中，通过各种传感器、测试设备，可以按照确定的时间间隔（地点）将产品的关键特性的指标输出，作为评判产品质量的依据。在这种情况下，时间点之间是等距的。对于 m 个成功飞行的产品而言，我们获取的某类关键特性的数据可以表达为：

"给定时间序列 $\{t_r\}_{r=1}^n$，在第 r 个时间点上，收集的 m 个产品的数据集合 $\{z_{ri}\}_{i=1}^m$。"

实际数据的分布往往是未知的，而传统的参数估计方法大都基于数据是来自正态分布的假设，对于海量的质量数据而言，采用参数估计的效果往往不尽人意。而非参数估计的一个显著优势在于：非参数估计往往不依赖于总体的具体分布，在对总体分布偏离正态甚至未知的情形下，我们仍然可以得到一个稳健的、令人满意的估计。基于此想法，引入非参数估计。质量数据是一组随时间变化的数据集合，以此为基础建立的包络线也是一组基于时间的控制曲线——这就是非参数估计中的置信带（Confidence Band）概念。

6.1.3.1　非参数回归建立置信带的方法

在非参数回归中，若在给定等距时间点 $t_r = r/n$（ $r=1$，…，n ）上有一系列的观测值 y_1，…，y_n ，考虑如下模型

$$y_r = \mu(t_r) + \varepsilon_r, \quad r = 1, \cdots, n \tag{6-2}$$

在这里，做常规假定 ε_r 独立同分布地来自于均值为 0、方差为 σ^2 的分布。$\mu(\cdot)$ 是一个未知的光滑回归曲线。基于质量数据建立性能指标的成功包络线，也就是要建立 $\mu(\cdot)$ 的一个置信带，当给定任意 $\alpha \in (0, 1)$ 和 $\mu(\cdot)$ 的一个估计 $\hat{\mu}(\cdot)$ 时，计算一个界 l_α ，使得当 n 充分大时，下式近似成立

$$P\left(\sup_{0 \leqslant t \leqslant 1} | \hat{\mu}(t) - \mu(t) | \leqslant l_\alpha\right) \geqslant 1 - \alpha \tag{6-3}$$

考虑 $\mu(\cdot)$ 的一个核估计为

$$\mu_\lambda(t) = \frac{1}{n\lambda} \sum_{r=1}^{n} y_r K\left(\frac{t - t_r}{\lambda}\right)$$

其中 $\lambda > 0$ 为带宽，$K(\cdot)$ 为 $[-1, 1]$ 上的一个核函数。

考虑到这种对 $\mu_\lambda(\cdot)$ 的估计会因为带宽的选取而产生偏差 $b_{\hat{\lambda}}(\cdot)$ ，一种纠偏的置信带具有如下形式

$$\{\mu : \sup_{0 \leqslant t \leqslant 1} | \mu_{\hat{\lambda}}(t) - b_{\hat{\lambda}}(t) - \mu(t) | \leqslant l_\alpha\}$$

首先，可以通过一般交叉验证的方法即

$$\min_\lambda n^{-1} \sum_{r=1}^{n} [y_r - \mu_\lambda(t_r)]^2 / [1 - K(0)/n\lambda]^2$$

来确定所选取的带宽 $\hat{\lambda}$ 。

进一步可以得到其他重要结果

$$b_{\hat{\lambda}}(t) = \hat{\lambda}^2 B \frac{1}{n \hat{\lambda}^{15/7}} \sum_{r=1}^{n} y_r K^*\left(\frac{t - t_r}{\hat{\lambda}^{5/7}}\right)$$

其中 $B = \int_{-1}^{1} \mu^2 K(\mu) \mathrm{d}\mu / 2$，$K^*(\cdot)$ 是 $\mu(t)$ 的二阶导数的核估计所对应的核函数。

$$l_\alpha = \frac{\sigma V}{\sqrt{n\hat{\lambda}}}\left[\sqrt{-2\log\hat{\lambda}} + \frac{1}{\sqrt{-2\log\hat{\lambda}}}(C + x_\alpha)\right]$$

其中

$$C = \log\left\{\frac{1}{2\pi}\left[\int_{-1}^{1} K'(\mu)^2 \mathrm{d}\mu / \int_{-1}^{1} K(\mu)^2 \mathrm{d}\mu\right]^{1/2}\right\}$$

$$x_\alpha = -\log\left[\frac{-\log(1-\alpha)}{2}\right]$$

$$V^2 = \int_{-1}^{1} K(\mu)^2 \mathrm{d}\mu$$

$$\hat{\sigma}^2 = (n-2)^{-1} \sum_{i=1}^{n-2} (0.809 y_i - 0.5 y_{i+1} - 0.309 y_{i+2})^2$$

从而得到了我们需要的纠偏的置信带。

6.1.3.2　应用置信带理论计算成功包络线范围

记第 r 个时间点下的 m 个数据的平均值为 y_r，即

$$y_r = \sum_{i=1}^{m} z_{ri}/m$$

这里选取的核函数为

$$K(\mu) = 0.75(1 - \mu^2)I_{[-1,1]}(\mu)$$

$$K^*_{(\mu)} = (105/32)(-5\mu^4 + 6\mu^2 - 1)\,I_{[-1,1]}(\mu)$$

6.1.3.3　算例

某控制系统的某重要机电设备，单元测试是验证其可靠性的重要试验。在试验中，主要通过其电流值进行可靠性评估，设计要求额定转速下电流不大于 200mA。该设备已经成功飞行数十次，并建立了完善的数据包，整理了设备在历次单元测试中的电流波动值，见表 6-2。需要注意的是，在计算数据包络时，应剔除历史上曾经由于电流波动造成的质量问题的数据。

表 6-2　单元试验中的电流数据采集

T1	T2	T3	...	T46	T47	T48	T49	T50	均值
122	123	122	...	122	122	121	123	122	122.16
132	134	132	...	133	132	131	131	131	132.18
142	141	141	...	142	142	141	142	141	141.94
138	137	137	...	137	138	137	137	138	137.1
125	126	124	...	126	124	124	124	125	125.18
128	127	126	...	127	127	127	126	127	126.94
135	136	136	...	136	136	137	136	137	136.7

应用置信带理论建立的电流数据的成功包络如图 6-2 所示。其中点画线、虚线和实线分别表示置信度为 0.9、0.95 和 0.99 时的置信限，蓝色为上限，黄色为下限。仿真计算得到的上下控制限为 [142，152]，由于跑合电流指标为望小特征，即若以此为包络线，则日后试验中监测指标应小于 152 mA，否则应进行风险分析确定是否可以通过。

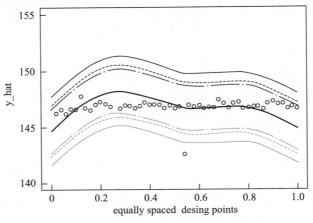

图 6-2　电流的置信带仿真（见彩插）

6.2　区间测量值特性产品成功数据包络分析

6.2.1　基本原理

在产品关键特性数据采集过程中，由于测量设备精度、测量条件和工程实际需要等方面的原因，有些关键特性用区间来表示测量值，对于测量值 $\tilde{x}_i$，假设测量区间范围（精度）为 Δ_i，产品特性的实际值 x_i 位于区间 $[\tilde{x}_i - \Delta_i, \tilde{x}_i + \Delta_i]$ 内，简记为 $x_i \in [\underline{x}_i, \overline{x}_i]$，这种情况下，仅能够得到产品特性的实际值处于某个区间内的事实，应用常规的产品成功子样数据包络分析方法将无法得到准确的包络上限 UDE 和包络下限 LDE 值。如果考虑所有可能的产品特性值，根据每组历史成功产品的特性值组合，可以得到一系列的 UDE 以及 LDE 的值，即在考虑测量能力的情形下，对于产品成功包络分析形成的包络范围 [LDE，UDE]，有 LDE $\in [\underline{LDE}, \overline{LDE}]$，UDE $\in [\underline{UDE}, \overline{UDE}]$，简记为 LDE $\in [\underline{L}, \overline{L}]$，UDE $\in [\underline{U}, \overline{U}]$，LDE（$\underline{L}$）为所有测量值区间范围左边界的最小值，$\overline{LDE}$（$\overline{L}$）为所有测量值区间范围左边界的最大值，UDE（$\underline{U}$）为所有测量值区间范围的右边界的最小值，$\overline{UDE}$（$\overline{U}$）为所有测量值区间范围右边界的最大值。

在这种情况下，可以考虑应用下面的原理对待包络分析产品的数据进行评估。

1）如果待分析数据完全落在所有可能的 LDE 及 UDE 值形成的区间 [LDE，UDE] 外，则认为待分析数据属于确实的出包络点；

2）如果待分析数据落在某些 LDE 及 UDE 值形成的区间 [LDE，UDE] 外，则认为待分析数据属于可能的出包络点。

考虑到航天产品对质量可靠性的要求高，对第二类风险（漏判）的容忍程度低，认为即使是可能的出包络点也应当予以关注分析，所以，在操作上，将区间值特性的产品成功子样数据包络分析简化为：如果待分析数据落在某些 LDE 及 UDE 值形成的区间 [LDE，UDE] 外，则认为待分析数据出包络。

6.2.2　应用过程

根据区间值特性的产品成功子样数据包络的基本原理，在产品技术状态、任务环境等基本一致的前提下，待分析数据可以用 $x \in [\underline{x}, \overline{x}]$ 进行表示，当出现下列情况时，认为待分析数据出包络。

当特性真值 $x \in [\underline{x}, \overline{x}]$ 落在某些 LDE 及 UDE 值形成的区间 [LDE，UDE] 外时，即 $\underline{x} < \overline{L}$ 或 $\overline{x} > \underline{U}$ 时，认为待分析数据出包络。

这样，对待分析数据进行包络分析转换为计算 $\overline{L}$ 及 $\underline{U}$ 的值。对于正态分布的常规成功数据的包络控制限，有

$$L = E - h\sigma \tag{6-4}$$

$$U = E + h\sigma \tag{6-5}$$

式中　E ——历史成功数据均值;

　　σ ——历史成功数据标准差。

　　问题转换为求解

$$\max : L = E - \mathrm{h}\sigma$$
$$\text{s. t. } x_i \in [\underline{x}_i, \overline{x}_i] \tag{6-6}$$
$$\min : U = E + \mathrm{h}\sigma$$
$$\text{s. t. } x_i \in [\underline{x}_i, \overline{x}_i] \tag{6-7}$$

其中

$$E = \frac{\displaystyle\sum_{i=1}^{n} x_i}{n} , \ \sigma = \sqrt{\frac{1}{n-1} \sum_{i=1}^{n} (x_i - E)^2}$$

　　式（6-6）及式（6-7）均为非线性规划问题，可以使用粒子群、遗传算法等方法进行求解。Vladik 等给出了复杂度为 $O(n^2)$ 的求解步骤，介绍如下：

　　1）假设采集到 n 个历史成功数据 $x_i \in [\underline{x}_i, \overline{x}_i]$，$i = 1, 2, \cdots, n$，将 $\underline{x}_i$，$\overline{x}_i$，$i = 1, 2, \cdots, n$ 按照从小到大的顺序进行排列得到序列 $x_{(1)}, x_{(2)}, \cdots, x_{(2n)}$，定义 $x_{(0)} = -\infty$，$x_{(2n+1)} = +\infty$。这样可以得到 $2n + 1$ 个区间：$[x_{(0)}, x_{(1)}]$，$[x_{(1)}, x_{(2)}]$，$\cdots$，$[x_{(2n-1)}, x_{(2n)}]$，$[x_{(2n)}, x_{(2n+1)}]$。

　　2）对 $[x_{(k)}, x_{(k+1)}]$，$k = 0, 1, \cdots, 2n$，计算

$$e_k \overset{def}{=} \sum_{i: \underline{x}_i \geqslant x(k+1)} \underline{x}_i + \sum_{j: \overline{x}_j \leqslant x(k)} \overline{x}_j , \ m_k \overset{def}{=} \sum_{i: \underline{x}_i \geqslant x(k+1)} (\underline{x}_i)^2 + \sum_{j: \overline{x}_j \geqslant x(k)} (\overline{x}_j)^2$$

记 n_k 为 i 与 j 的数量总和。

　　3）求解二次方程

$$A_k - B_k \mu + C_k \mu^2 = 0$$

其中

$$\alpha \overset{def}{=} \frac{1}{h} , \ A_k \overset{def}{=} e_k^2 (1 + \alpha^2) - \alpha^2 m_k n$$

$$B_k \overset{def}{=} 2e_k [(1 + \alpha^2) n_k - \alpha^2 n]$$

$$C_k \overset{def}{=} n_k [(1 + \alpha^2) n_k - \alpha^2 n]$$

　　4）寻找解 μ 满足 $\mu n_k \leqslant e_k$，且 $\mu \in [x_{(k)}, x_{(k+1)}]$ 的区间 $[x_{(k)}, x_{(k+1)}]$，对这些区间计算

$$E_k = \frac{e_k}{n} + \frac{n - n_k}{n} \mu , \ M_k = \frac{m_k}{n} + \frac{n - n_k}{n} \mu^2$$

可得

$$U_k = E_k + h \sqrt{M_k - (E_k)^2}$$

　　则有：$\underline{U} = \min\{U_k\}$。

5）寻找解 μ 满足 $\mu n_k \geqslant e_k$ ，且 $\mu \in [x_{(k)},\ x_{(k+1)}]$ 的区间 $[x_{(k)},\ x_{(k+1)}]$ ，对这些区间计算

$$E_k = \frac{e_k}{n} + \frac{n-n_k}{n}\mu \ , \ M_k = \frac{m_k}{n} + \frac{n-n_k}{n}\mu^2$$

可得

$$L_k = E_k - h\sqrt{M_k - (E_k)^2}$$

则有：$\bar{L} = \max\{L_k\}$ 。

6.3　本章小结

本章介绍了两类特性值不能完全确定的两类特性：动态特性和区间测量值特性的包络线构建方法。

1）针对性能指标目标值不固定、随时间或任务环境动态调整的动态特性，本章给出了动态特性数据包络线的构建思路，探讨了基于非参数估计置信带的产品成功数据包络线构建方法；

2）探讨了特性值为区间值的特性包络线构建的原理，研究了包络线的构建过程和方法。

第7章　产品飞行成功子样数据包络风险分析

7.1　定性的包络风险分析

7.1.1　包络结果统计

包络分析结果分为四类：满足设计指标并在任务成功包络线内的合格包络；满足设计指标但在任务成功包络范围外的合格不包络；不满足设计指标但在任务成功包络线之内的超差包络；不满足设计指标且在任务成功包络范围之外的超差不包络。

包络结果统计是按产品分解结构自底向上汇总各级产品的材料特性、工艺特性、性能特性和环境特性包络分析的结果，以便工程决策人员从整体上把握产品的质量状况，为相关决策提供依据。

1）材料特性包络分析统计确认表包括产品名称、产品图号、材料名称、牌号规格、技术条件、炉（批）号、化验编号、材料供应单位合格证编号、材料关键性能指标名称、材料关键性能指标数据和是否包络结论等数据项，样式参见表7-1。

表7-1　航天型号飞行成功子样数据包络分析统计确认表（材料特性部分）

序号	产品名称	产品图号	材料名称	牌号规格	技术条件	炉(批)号	化验编号	材料供应单位合格证编号	材料关键性能指标名称	材料关键性能指标数据	是否包络结论

2）工艺特性包络分析统计确认表包括部组件名称、代号，产品名称，产品图号，工艺数据项目，工艺数据项目具体内容，包络范围涉及的产品工艺数据，包络范围，待分析数据和包络分析结论等数据项，样式参见表7-2。

表7-2　航天型号飞行成功子样数据包络分析统计确认表（工艺特性部分）

序号	部组件名称、代号	产品名称	产品图号	工艺数据项目	工艺数据项目具体内容	包络范围涉及的产品工艺数据				包络范围	×××···(待分析数据)	结论
						Y×	Y×	···	···			
						···						
						···						

3）性能特性包络分析统计确认表包括部组件名称、代号，产品名称，产品图号，检查或试验项目，设计要求性能指标，待分析数据，与设计要求指标符合性，包络范围涉及的产品性能数据样值，包络范围和包络分析结论等数据项，样式参见表7-3。

表 7 - 3 航天型号飞行成功子样数据包络分析统计确认表（性能特性部分）

序号	部组件名称、代号	产品名称	产品图号	检查或试验项目	设计要求性能指标	×××…（待分析数据）	与设计要求指标符合性	包络范围涉及的产品性能数据样值				包络范围	结论	备注
								Y×	Y×	…	…			

4）环境特性包络分析统计确认表包括部组件名称、代号，产品名称，产品图号，检查或试验项目，环境指标，待分析数据，与环境指标要求符合性，包络范围涉及的产品环境数据样值，包络范围和包络分析结论等数据项，样式参见表 7 - 4。

表 7 - 4 航天型号飞行成功子样数据包络分析统计确认表（环境特性部分）

序号	部组件名称、代号	产品名称	产品图号	检查或试验项目	环境指标	×××…（待分析数据）	与环境指标要求符合性	包络范围涉及的产品环境数据样值				包络范围	结论	备注
								Y×	Y×	…	…			

7.1.2 基于风险矩阵的包络结果定性分析

包络风险分析是根据产品的关键特性包络情况综合分析产品质量对任务成败的影响。包络结果风险分析需要综合包络分析对象确认结果中关键特性失效的严酷度和包络分析给出的产品不包络可能性。为此，可以基于包络情况开展包络结果风险定性分析。

（1）风险矩阵构建过程

①首先确定包络情况与故障可能性的关系

根据所建的包络线，将待分析的样本和包络线进行比对分析。分析时可建立六条线：两条包络线，两条公差线（技术规格线），一条标称值线和一条包络中心线。包络线表示基于待分析样本的先验数据分析出来的失效临界线；公差线（技术规格线）表示设计控制线；包络中心线表示通过先验数据分析出的技术目标值，反映了后验分布的分布中心。包络分析风险分布图如图 7 - 1 和图 7 - 2 所示。包络结果与发生可能性的关系（示例）见表 7 - 5。

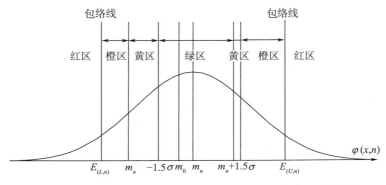

图 7 - 1 包络分析风险分布图（技术指标在包络线内）（见彩插）

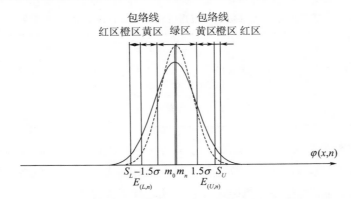

图 7 - 2　包络分析风险分布图（技术指标在包络线外）（见彩插）

表 7 - 5　包络结果与发生可能性的关系（示例）

包络结果		风险概率等级
合格包络	包络中心 1.5σ 内	1
	包络中心 1.5σ 外	2
超差包络		3
合格不包络		4
超差不包络		5

②结合故障严酷度建立包络风险分析矩阵

由关键特性超差对产品实现任务的功能和性能要求的影响，确定其严酷度，构建包络风险分析矩阵，如图 7 - 3 所示。

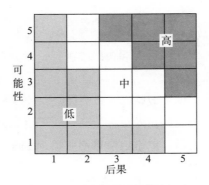

图 7 - 3　包络结果风险分析矩阵

（2）应用实例

以某型固体火箭发动机为例，从参数分类上来说，尾部密封圈压缩量、尾部装填分数、头部密封圈压缩量、头部装填分数属于工艺参数。基于先验信息，在有限样本下采用贝叶斯统计方法构建整机产品 90% 的置信度下的成功数据包络线及包络结果详细分析如图 7 - 4 所示。整机参数中，工作时间尾部密封圈压缩量、尾部装填分数、头部密封圈压缩量、头部装填分数均属于望目特性参数。对收集到的参数与两条包络线、两条公差线（技术规格线）、一条标称值线和一条数据中值线进行对比，如图 7 - 4 所示。

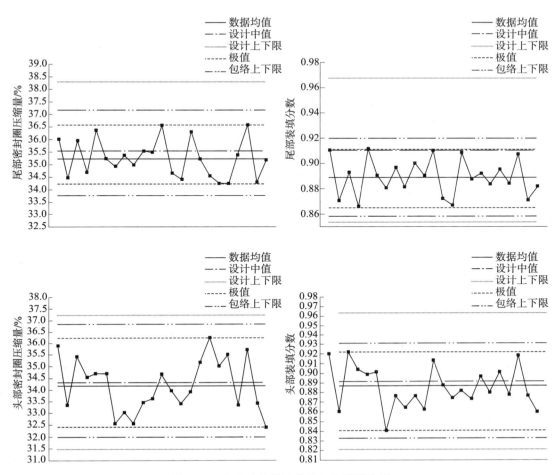

图 7 - 4　某发动机整机参数包络范围分析

从图 7 - 4 可以看出，尾部密封圈压缩量和尾部装填分数超差不包络，采用风险矩阵方法给出其风险概率等级，见表 7 - 6。

表 7 - 6　某发动机总体包络参数分析

项目	单位	设计指标	UDEL	LDEL	发动机喷管参数	不包络情况	风险概率等级
尾部密封圈压缩量	%	32.75～38.30	37.169	33.75	39.32	超差不包络	5
尾部装填分数	—	0.853 4～0.967 0	0.920	0.858 4	0.972 3	超差不包络	5
头部密封圈压缩量	%	31.50～37.20	36.84	31.99	32.33	合格包络	1
头部装填分数	—	0.821～0.963	0.9310	0.832 7	0.857 6	合格包络	2

7.2　质量风险量化分析

7.2.1　关键特性波动与质量风险

产品质量是一组固有特性满足要求的程度，由于产品质量是操作人员（包括设计、生产、工艺、试验等人员）在一定的环境下，运用机器设备或计算机辅助工具，按照规定的操作方法，对原材料进行加工处理和生产制造出来的，这些质量因素在产品实现过程中不可能保持不变，故产品质量受到一系列客观存在的因素的影响而在生产过程中不停地变化着，表现出质量特性往往围绕目标值上下波动，这就是质量特性的波动。

由于航天系统结构复杂、参研单位和人员众多，影响产品质量的因素很多，受这些因素的影响，产品质量不可能保持不变，因此质量必然存在波动性，产品质量的波动具有统计规律性，经过多年的发展，运载火箭等航天型号产品的系统研制都具有一定的继承性，产品的研制过程总体上趋于稳定，针对较为稳定的研制过程和继承性产品，可以应用概率论与数理统计方法，通过对刻画研制过程质量数据的统计分析来找出产品质量波动的幅度以及波动幅度大小出现的可能性，再结合产品质量裕度分析来分析产品质量风险，为技术决策提供依据，航天产品飞行成功子样数据包络分析方法正是基于上述产品质量的统计观点。

（1）质量波动

在质量统计理论中，常常以变异系数 $\gamma = \dfrac{\sigma}{|\mu|}$ 作为质量特性波动程度的测度，这与田口方法中度量质量特性优良度的信噪比 $\eta = \dfrac{1}{\gamma^2} = \dfrac{\mu^2}{\sigma^2}$ 是一致。在统计理论中，常用样本均值 $\bar{x}$ 来估算 μ

$$\hat{\mu} = \bar{x} = \frac{1}{n} \sum_{i=1}^{n} x_i \tag{7-1}$$

$$\hat{\sigma}^2 = s^2 = \frac{1}{n-1} \sum_{i=1}^{n} (x_i - \bar{x})^2 \tag{7-2}$$

（2）设计裕度管理

正是由于产品质量具有波动性，在产品设计中为了消除波动对最终功能性能的影响，通常对关键性能指标采取裕度设计，裕度是指为达到破坏极限之前所留有的安全余量。裕度通常用设计指标与极限性能的比值来表示 $M = \dfrac{T}{T_{\lim}}$。针对具体的特性其裕度设定不尽相同，对于不同的特性其裕度设定也不尽相同，例如火工品装药量经验裕度为 $0.85 \sim 1.15$，目前 NASA 和 ECSS 的相关标准中都对结构件按照其材料特性明确了最低的安全性裕度，见表 7-7 和表 7-8。

表 7 - 7　NASA 运载火箭最小设计裕度系数标准

结构件类型	NASA - STD - 5001 航天飞行硬件结构设计与试验安全性系数
金属结构件（紧固件除外）	1.4
紧固件和预载连接件	1.4
复合/粘接结构（玻璃材料除外）	2.0(不连续结构)
	1.5(结构连续一致)
玻璃件	3.0(非受压件)
	3.0(受压件)
玻璃粘接剂	3.0
纺织结构	4.0(第 1、2 类关键件)
	2.0(第 3 类关键件)

表 7 - 8　ECSS 运载火箭最小设计裕度系数标准

金属材料、玻璃钢、复合板、玻璃和陶瓷结构件的安全性系数	
结构类型	ECSS - E - ST - 32 - 10C 航天工程-航天飞行硬件结构安全性系数
金属件	1.25
玻璃钢零件（连续）	1.25
玻璃钢零件（不连续）[a]	1.25
复合板	1.25
玻璃和陶瓷结构件	参见注[b]
连接件、接插件[c]	1.25
弹性系统和弹性结构件[d]	2.0
弯曲件	1.25
受压硬件	1.25

注：a. 例如：孔、框、加强筋、厚度变化等；

b. 航天界还未完全达成一致；

c. 这些系数对预载的螺栓不适用；

d. 分析和试验表明弹性系统的非线性力学特性不会危害到卫星的强度和对齐关系。

（3）质量风险

包络风险分析是根据产品的关键特性包络情况综合分析产品质量对任务成败的影响，包括发生的可能性和后果两个方面。发生的可能性与产品质量波动以及设计裕度相关，在综合考虑设计裕度和产品质量波动的基础上，按照超出极限指标即失败的判定准则，可以建立质量波动风险概率模型

$$R = P(T_L < x < T_U) \tag{7-3}$$

针对性能参数，可以建立质量波动与产品可靠度的关系

$$R = 2\Phi\left(\frac{1}{M-1}\sqrt{\eta}\right) - 1 \tag{7-4}$$

其中

$$\eta = \frac{\mu^2}{\sigma^2}$$

式中　　M ——裕度。

7.2.2　基于质量波动的质量风险量化

质量风险是指由于质量波动导致产品质量超出临界值而导致失效的可能性及其造成的后果，由于包络分析的对象是关键特性，在关键特性识别中已经识别了关键特性与任务成功的关系。因此，重点考虑质量波动、设计裕度和导致产品质量超出临界值的可能性之间的关系。

一般情况下，产品的故障模式判据可用某种质量特性（或某种物理量、某种性能）超过某一临界值来描述，这个临界值也称为门限值（门限值可通过设计指标与设计裕度进行换算得出）。对于复杂的故障模式，可能需要一组质量特性分别超过各自的失效临界值来描述。

大部分故障模式具有双向失效临界值，也有一些故障模式只有单向失效临界值，一个产品可能有多种故障模式，每种故障模式有相对应的 1 个或 1 组需进行判别的质量特性，应对每种故障模式分别处理。首先只考虑单一故障模式的情况，对于多故障模式的产品，可对各故障模式分别处理后按每种故障模式所占比率进行综合。

产品的质量波动与质量风险之间存在很强的正相关，下文将直接给出在产品质量特性服从正态分布的情况下质量波动与质量风险的关系，正如上文所述，常用信噪比来衡量质量波动，所谓信噪比是信号的功率 S 与噪声的功率 N 之比值，反映了某一特性的波动情况。

7.2.2.1　望大望小型特性

望大特性适用于可靠性分析中的应力强度分析模型，假设任务执行过程中产品应力保持恒定，现在计算强度的波动与可靠性的关系。设实际工作产品的应力为 S 保持恒定，则 S 为一常数，强度 R 为随机变量，样本均值为 μ_R，按照应力强度模型，可计算可靠性为

$$R = \Phi\left(\frac{\mu_R - S}{\sqrt{\sigma_R^2}}\right)$$

由于产品的安全裕度定义为：$M =$ 平均强度/平均应力，即：$M = \mu_R / \mu_S$。

强度特性的信噪比为

$$\eta = \frac{\mu^2}{\sigma^2}$$

则

$$R = \Phi\left(\frac{\mu_R - S}{\sqrt{\sigma_R^2}}\right) = \Phi\left(\frac{\mu_R/S - 1}{\frac{1}{S}\sqrt{\sigma_R^2}}\right) = \Phi\left(\frac{\mu_R/S - 1}{\frac{\mu_R}{S}\sqrt{\sigma_R^2/\mu_R^2}}\right) = \Phi\left(\frac{M-1}{M}\sqrt{\eta}\right)$$

7.2.2.2　望目型特性

望目特性的信噪比为

$$\eta = \frac{\mu^2}{\sigma^2} \tag{7-5}$$

式中　μ、σ——分别为质量特性 Y（随机变量），在实际工作环境下的均值和标准差。

假设所考察的质量特性 $Y \sim N(\mu, \sigma^2)$ ，则概率密度函数为

$$f(y) = \frac{1}{\sqrt{2\pi}} e^{-\frac{(y-\mu)^2}{2\sigma^2}} \tag{7-6}$$

令设计目标值为 m ，失效界限为 T_U 和 T_L ，则质量特性 Y 的可靠度 $R = P\{T_L < y < T_U\}$ ，令

$$T_U - m = m - T_L = \Delta_0 \tag{7-7}$$

$$r_1 = \frac{\Delta_0}{\sigma} \tag{7-8}$$

$$r_2 = \frac{|\mu - m|}{\sigma} \tag{7-9}$$

式中　r_1——失效界限与标准差的比值；

r_2——均值距离设计目标值的偏差与标准差的比值。

$$R = P\{m - \Delta_0 < y < m + \Delta_0\}$$
$$= \Phi\left(\frac{m + \Delta_0 - \mu}{\sigma}\right) - \Phi\left(\frac{m - \Delta_0 - \mu}{\sigma}\right) \tag{7-10}$$
$$= \Phi(\pm r_2 + r_1) - \Phi(\pm r_2 - r_1) = \Phi(r_2 + r_1) - \Phi(r_2 - r_1)$$

$$\eta = \frac{\mu^2}{\sigma^2} = \frac{(m \pm r_2 \sigma)^2}{\sigma^2} = \left(\frac{m}{\sigma} \pm r_2\right)^2 = \left(\frac{m}{\Delta_0} r_1 \pm r_2\right)^2 \tag{7-11}$$

通过中间变量 r_1 和 r_2 便可建立 R 与 η 之间的关系。

根据工程实际可能的情况，可分别取

$$\frac{\Delta_0}{m} = 0.2, 0.3, 0.4$$

$$r_1 \in (0, 6) \ , \ r_2 \in (0.2, 0.4, 0.6) r_1$$

假设 $\mu = m$ ，则 $r_2 = 0$ ，则 R 与 η 的计算公式为

$$R = 2\Phi(r_1) - 1 \tag{7-12}$$

$$\eta = \left(\frac{m}{\Delta_0} r_1\right)^2 \tag{7-13}$$

$$R = 2\Phi\left(\frac{m}{\Delta_0}\sqrt{\eta}\right) - 1 \tag{7-14}$$

7.2.3　基于模糊评价的质量风险评估

对单个特性进行风险分析后还需对整机产品进行综合风险分析，采用的方法是模糊综合评价法。

模糊综合评价法是根据给出的评价标准和实测值，应用模糊数学的方法将模糊信息定量化，对受诸多因素制约的事物做出一个总的评价。由于该方法能较好地将定性的东西定量化，因此有助于在事件概率难以得到的情况下实现风险的定量分析。模糊综合评价法简要步骤如下：

（1）评价因子集的建立

对产品质量进行评价，若影响该产品质量的指标有 m 个，分别记为 u_1，u_2，$\cdots u_m$，则由这 m 个指标构成一个评价因素的有限集合

$$U = \{u_1, u_2 \cdots, u_m\}$$

将发动机的推力、混合比等关键特性的包络对象作为评价因子，按包络对象隶属的包络范围量化风险概率等级，可划分 6 个风险概率等级，具体划分见表 7 - 9。

表 7 - 9　包络结果与风险概率的关系（示例）

包络结果		风险概率等级
合格/包络	包络中心 σ 内	1
	包络中心 2σ 内	2
	包络中心 3σ 内	3
合格/不包络		4
超差/包络		5
超差/不包络		6

（2）评价等级集的建立

评价集是评价因子所包含的各种等级的集合，设产品质量等级有 n 个级别，分别记为 v_1，v_2，$\cdots$，v_n，即该产品的质量等级评价集为

$$V = \{v_1, v_2, \cdots, v_n\}$$

根据评价因子包络分析结果的风险概率等级划分发动机质量等级情况，结合发动机的特点将发动机整机划分为 4 个质量等级，即Ⅰ～Ⅳ级，具体划分情况见表 7 - 10。

表 7 - 10　质量等级划分和风险接受准则

质量等级	风险概率等级	风险描述
Ⅰ	1～2	产品质量好,风险较小
Ⅱ	3	产品质量较好,有一定风险
Ⅲ	4～5	产品质量差,风险较大
Ⅳ	6	产品质量很差,有很大风险

（3）隶属度的确定

隶属度函数的确定是影响发动机质量风险评价的重要因素。根据各指标数据与评价标准之间符合分段函数的特点，并且分段函数具有简单方便、易懂等特点，这里采用分段函数法确定隶属度函数。设 r 表示第 i 项评价因子属于第 j 等级的隶属度，i 项评价因子的 j 级隶属度越大，表明 i 项评价因子越靠近 j 级质量等级。

则隶属度计算方法如式（7-15）～式（7-17）所示。

1）当实测值位于左端时，属于 a 级的隶属度为

$$r_a = \begin{cases} 1 & x \leqslant x_1 \\ \dfrac{x_2 - x}{x_2 - x_1} & x_1 < x < x_2 \\ 0 & x \geqslant x_2 \end{cases} \tag{7-15}$$

2）当实测值位于中间时，属于 j 级的隶属度为

$$r_j = \begin{cases} 1 & x = x_j \\ \dfrac{x - x_{j-1}}{x_j - x_{j-1}} & x_{j-1} < x < x_j \\ \dfrac{x_{j+1} - x}{x_{j+1} - x_j} & x_j < x < x_{j+1} \\ 0 & x \leqslant x_{j-1} \text{ 或 } x \geqslant x_{j+1} \end{cases} \tag{7-16}$$

3）当实测值位于右端时，属于 n 级的隶属度为

$$r_n = \begin{cases} 1 & x \geqslant x_n \\ \dfrac{x - x_{n-1}}{x_n - x_{n-1}} & x_{n-1} < x < x_n \\ 0 & x \leqslant x_{n-1} \end{cases} \tag{7-17}$$

式中　r——第 i 项评价因子属于第 j 等级的隶属度；

$x_1, x_2, \cdots, x_n$——Ⅰ、Ⅱ、$\cdots$，n 级的标准。

此外按包络分析对象的风险概率等级划分质量等级，而风险概率等级为离散变量，即包络参数的风险概率值只能出现 1 或 0 两种情况，所以隶属度的计算方法在式（7-15）～式（7-17）隶属度计算通式的基础上进行简化，如式（7-18）～式（7-21）所示。

1）属于Ⅰ级的隶属度为

$$r_{\text{I}} = \begin{cases} 1 & x = 1,2 \\ 0 & \text{其他} \end{cases} \tag{7-18}$$

2）属于Ⅱ级的隶属度为

$$r_{\text{II}} = \begin{cases} 1 & x = 3 \\ 0 & \text{其他} \end{cases} \tag{7-19}$$

3）属于Ⅲ级的隶属度为

$$r_{\text{III}} = \begin{cases} 1 & x = 4,5 \\ 0 & \text{其他} \end{cases} \tag{7-20}$$

4）属于Ⅳ级的隶属度为

$$r_{\text{IV}} = \begin{cases} 1 & x = 6 \\ 0 & \text{其他} \end{cases} \tag{7-21}$$

式中　x——评价因子的风险概率等级；

　　　Ⅰ、Ⅱ、Ⅲ、Ⅳ——产品质量等级。

在发动机的包络风险评估中，可以把隶属度看成包络分析项的包络风险概率等级关于发动机的产品质量级别标准的函数。

（4）模糊矩阵

U 是一个模糊向量，V 是一个矩阵，在 U 和 V 给定之后，由此构建因素论域（各种风险概率等级）和评语论域（质量等级标准）间的隶属度模糊矩阵 R ，模糊关系矩阵 R 为 m 行 n 列矩阵，代表了 m 个评价因子对 n 个评价等级集的隶属度

$$R = \begin{bmatrix} r_{11} & r_{12} & \cdots & r_{1n} \\ r_{21} & r_{22} & \cdots & r_{2n} \\ \vdots & \vdots & & \vdots \\ r_{m1} & r_{m2} & \cdots & r_{mn} \end{bmatrix}$$

根据模糊关系的定义，r_{ij} 表示第 i 种包络分析的风险概率等级可以被评为第 j 级质量等级的可能性，即 i 对 j 的隶属度。

（5）权重的确定

因为各个评价因素（因子）的重要程度不同，所以各评价因子要取不同的权重，表示成 $W = \{w_1, w_2, \cdots, w_n\}$ ，计算方法为

$$w_i = \frac{x_i / S_i}{\sum_{j=1}^{m}(x_i / S_i)} \tag{7-22}$$

其中

$$S_i = (X_1 + X_2 + \cdots + X_n) / n$$

式中　　w_i ——第 i 个因子的权重；

　　　　x_i ——该指标的实测值；

　　　　$X_1, \cdots, X_n$ ——该指标对应的质量级别的标准值。

（6）模糊评价运算及结果生成

模糊评价运算模型采用加权平均模型，该模型可以体现各个参评因素的综合作用，计算方法如下

$$s_j = \sum_{i=1}^{m} w_i R_{ij} , j = 1, 2, \cdots, n \tag{7-23}$$

式中　　s_j ——最终评价结果对应于第 j 个等级的隶属度；

　　　　w_i ——对应的权重；

　　　　R_{ij} ——模糊关系矩阵 R 中的对应元素；

　　　　m ——参评因子个数；

　　　　n ——所划分的等级数。

计算得到的评价向量为 $s = (s_1, s_2, \cdots, s_n)$ ，由于该模型计算结果已经自动归一化，所以以该集合中最大值所对应的级别作为最终评价结果。

（7）综合评估风险的控制

根据发动机关键特性参数包络分析结果，利用模糊综合评价法进行产品质量综合评

估,依据评估结果制定相应的风险控制措施,实施产品质量风险的闭环管理,确保产品质量受控,满足交付和飞行要求。某型低温发动机综合评估风险控制准则见表 7 - 11。

表 7 - 11　某型低温发动机综合评估风险控制准则

产品质量级别	风险控制
I	风险可以接受,产品直接交付
II	具有一定风险,对主要风险因素进行简单预防和控制
III	风险较大,需要针对风险因素制定风险控制措施,并加强风险管理
IV	风险很大,不可接受,需对相关风险因素进行改进或重新设计,并重新评估风险

7.3　本章小结

本章研究了航天产品飞行成功子样数据包络分析定性和定量风险评估方法,探讨了质量波动与质量风险之间的关系,提出了产品飞行成功子样数据包络结果汇总和基于风险矩阵的定性风险分析方法,探讨了基于质量波动的产品飞行成功子样数据包络风险定量评估和基于模糊评价的质量风险评估方法。

第8章 产品飞行成功子样数据包络分析结果闭环管理

8.1 闭环管理框架

产品飞行成功子样数据包络分析结果闭环管理是对通过包络分析揭示出的风险进行确认，并针对当前待分析产品从技术和管理的角度提出应对措施，在同类产品或后续产品设计、工艺、试验设计与分析中可规避同类风险或降低风险发生的概率和后果，提出进一步的改进措施和建议。

产品飞行成功子样数据包络分析闭环管理包括当前产品和同类产品两个层面以及评定风险等级、确定闭环措施和持续改进优化三个方面，如图 8-1 所示，风险评定确定关键特性包络分析四类结果的潜在风险，据此来确定闭环处置的人员、资源、措施，闭环措施确定从技术和管理两个方面提出降低和控制包络分析所揭示出来风险的具体措施，其中技术闭环根据具体问题的性质和范围，可以从单一产品的角度单独考虑和系统集成的角度综合考虑，单一产品的角度是针对具体的产品或特性采取理论分析、裕度分析、复核复算、试验验证等措施对包络分析结果进行确认，系统集成的角度可以考虑与系统其他组成之间的接口关系，通过接口补偿、系统性能预示、系统健壮性分析、整体裕度分析等降低超出包络的影响，进一步确认产品特性超出包络对系统功能和性能的影响，以及对任务成功的影响。管理闭环是基于包络分析结果揭示的风险从管理的角度确定后续研制阶段关键节点的包络分析结果确认和专题评审措施。

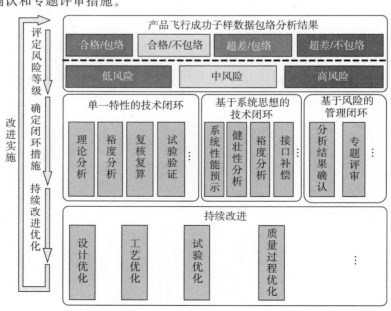

图 8-1 产品飞行成功子样数据包络分析闭环管理框架

8.2　技术闭环

8.2.1　技术闭环的基本思路

按照产品飞行成功子样数据包络分析的四种结果，提出相应的闭环管理措施和改进措施。

（1）合格/包络

测试数据预示技术风险低，测试数据可作为产品成功数据分析的成功子样数据。需要将测试数据与构建包络线的历史成功数据合并，通过数理统计分析方法，构建新的包络线。

（2）合格/不包络

对不包络的合格数据，应从产品指标要求、裕度设计、工程研制数据等方面，结合产品故障树、故障模式及影响分析结果等，分析产品测试数据可能带来的故障模式及对上一级系统或分系统的影响，从而得出产品是否具备完成任务书规定的预定功能和可能给分系统带来什么风险的分析结论。根据上述结论，分析产品测试数据存在的技术风险是否在分系统或总体可接收范围内，当存在的技术分析不影响总体功能实现，总体可接受时，产品方可参与总体系统试验或飞行试验。同时，应对合格/不包络的原因进行分析，从设计、工艺及过程控制角度分析现有要求是否合理，过程是否可控，是否需要对现有技术、工艺、过程控制要求进行改进等，对发现的需要改进或加强控制的环节提出相应措施加以完善。根据分析结果，结合测试数据的变化规律，针对出现的合格/不包络的情况，提出包络线是否需要完善的建议，若为临时状态偏离造成的数据波动导致的不包络现象，不建议将新数据与原有历史数据合并重新构建包络线；对于技术状态未发生变化出现的不包络现象，对于样本量较少的新产品，建议将测试数据与构建包络线的历史成功数据合并，构建新的包络线；对于样本量较多的成熟产品，建议暂不对包络线进行调整，在产品后续批次生产中，若多次出现类似情况，再考虑完善包络线。

例如，某点火器发火时间成功数据包络线为 [5 ms，12.42 ms]，任务书要求值为不大于 50 ms。发火时间主要与发火电流、桥路电阻、桥带材料特性及测试方法等有关，产品生产过程中若发火时间出现不包络下限出现 2 ms、3 ms 的测试值时，通过分析认为，点火器的发火时间短对系统无任何影响，且越短越好。这种情况不包络/合格的技术风险低，产品数据就可纳入历史成功数据完善包络线。若出现不包络上限出现 15 ms、20 ms 的测试值时，应分析产品发火电流，测试方法等是否发生了变化、是否在规定的允许误差范围内，规定的允许误差是否会导致发火时间的波动等，采取减小发火电流控制范围、细化测试靶线设置要求等方式，减小测试带来的波动。同时分析发火时间变长对分系统的影响，分系统可接受方可放行。

（3）超差/包络、超差/不包络

航天产品一般没有不合格品交付情况，但工艺和过程特性参数可能存在超差处理，针对超差的工艺和过程特性参数，需开展工艺、过程失效分析，得出超差参数是否影响产品功能实现的结论。同时，采取必要措施，优化工艺和过程控制参数，避免超差现象的出现。

8.2.2　基于单一特性的技术闭环

针对单一产品的特性，可以通过实验设计等方法确定影响特性波动的原因，明确其对产品成功实现任务要求的影响，从设计、试验等方面提出针对具体结果的措施。以固体火箭发动机整机为例，可以根据风险闭环管理的要求，对整机各包络参数不包络的风险进行详细的分析，根据不同包络结果，判别是否有风险，并确定风险等级，制定整机包络参数闭环管理措施，具体措施见表 8-1。

表 8-1　固体火箭发动机整机包络参数闭环管理措施

关键特性名称	包络结果	有无风险	风险等级	风险应对措施	措施验证手段	备注
工作时间	合格/包络	无				
	合格/不包络	有	低	对产生的影响进行分析		
	超差/包络	有	中	对影响进行计算分析，并报总体单位协调	根据包络极限先例进行分析论证，对本发产品做裕度分析	
	超差/不包络	有	高	重新对发动机性能进行预示，对风险进行计算分析，并报总体单位协调	对本发产品做裕度分析、风险分析和设计复核复算	
平均推力	合格/包络	无				
	合格/不包络	有	低	对产生的影响进行分析		
	超差/包络	有	中	对影响进行计算分析，并报总体单位协调	根据包络极限先例进行分析论证，对本发产品做裕度分析	
	超差/不包络	有	高	重新对发动机性能进行预示，对风险进行计算分析，并报总体单位协调	对本发产品做裕度分析、风险分析和设计复核复算	
比冲	合格/包络	无				
	合格/不包络	有	低	对产生的影响进行分析		
	超差/包络	有	中	对影响进行计算分析，并报总体单位协调	根据包络极限先例进行分析论证，对本发产品做裕度分析	
	超差/不包络	有	高	重新对发动机性能进行预示，对风险进行计算分析，并报总体单位协调	对本发产品做裕度分析、风险分析和设计复核复算	
总质量	合格/包络	无				
	合格/不包络	有	低	对产生的影响进行分析		
	超差/包络	有	中	对影响进行计算分析，并报总体单位协调	根据包络极限先例进行分析论证，对本发产品做裕度分析	
	超差/不包络	有	高	重新对发动机性能进行预示，对风险进行计算分析，并报总体单位协调	对本发产品做裕度分析、风险分析和设计复核复算	

续表

关键特性名称	包络结果	有无风险	风险等级	风险应对措施	措施验证手段	备注
质量比	合格/包络	无				
	合格/不包络	有	低	对产生的影响进行分析		
	超差/包络	有	中	对影响进行计算分析,并报总体单位协调	根据包络极限先例进行分析论证,对本发产品做裕度分析	
	超差/不包络	有	高	重新对发动机性能进行预示,对风险进行计算分析,并报总体单位协调	对本发产品做裕度分析、风险分析和设计复核复算	
尾部密封圈压缩量	合格/包络	无				
	合格/不包络	有	低	对产生的影响进行分析		
	超差/包络	有	中	对影响进行计算分析	根据包络极限先例进行分析论证,对本发产品做计算分析	
	超差/不包络	有	高	对超差原因进行计算分析,根据计算结果更换合适绳径的密封圈	更换后重新计算,若更换密封圈不能解决该问题,则组织专家评审,确定其用途	
尾部装填分数	合格/包络	无				
	合格/不包络	有	低	对产生的影响进行分析		
	超差/包络	有	中	对影响进行计算分析	根据包络极限先例进行分析论证,对本发产品做计算分析	
	超差/不包络	有	高	对超差原因进行计算分析,根据计算结果更换合适绳径的密封圈	更换后重新计算,若更换密封圈不能解决该问题,则组织专家评审,确定其用途	
头部密封圈压缩量	合格/包络	无				
	合格/不包络	有	低	对产生的影响进行分析		
	超差/包络	有	中	对影响进行计算分析	根据包络极限先例进行分析论证,对本发产品做计算分析	
	超差/不包络	有	高	对超差原因进行计算分析,根据计算结果更换合适绳径的密封圈	更换后重新计算,若更换密封圈不能解决该问题,则组织专家评审,确定其用途	
头部装填分数	合格/包络	无				
	合格/不包络	有	低	对产生的影响进行分析		
	超差/包络	有	中	对影响进行计算分析	根据包络极限先例进行分析论证,对本发产品做计算分析	
	超差/不包络	有	高	对超差原因进行计算分析,根据计算结果更换合适绳径的密封圈	更换后重新计算,若更换密封圈不能解决该问题,则组织专家评审,确定其用途	

8.2.3　基于系统思想的技术闭环

运载火箭作为一项复杂的系统，产品结构可分为系统、分系统、单机、部组件等几个层次，产品结构上下层级之间通过关键特性分解链由下一级产品分解与传递上一级产品的关键特性，而同层次产品组件之间则在接口关系的约束下实现对上级质量特性实现的保证。基于航天系统工程思想的产品飞行成功子样数据包络分析，需要综合考虑上下级产品特性和同级产品特性之间的相互关系，从确保系统整体功能和性能实现的角度采取措施。为此，基于系统的技术闭环措施包括接口补偿、系统性能预示、系统健壮性分析和系统性能裕度分析等。

（1）接口补偿

接口是指对两个或两个以上系统、分系统、设备或计算机软件产品间共同边界的功能特性、物理特性要求。接口通常分为机械接口、数字接口、电接口和气液接口，作为上级特性的分解特性，为了保证上级特性满足要求，在特性超出包络范围的情况下，可以通过与特性有接口关系的特性进行补偿，例如，某个产品关键尺寸超出包络，可以在系统的协调下，在装配阶段基于尺寸链建立的机械接口关系通过选配产品来保证上级装配满足要求。

（2）系统性能预示

基于最坏情况分析的思想，评估产品功能性能对极端环境条件或部件参数变化敏感程度降低的情况。将产品飞行成功子样数据包络分析识别出存在潜在风险的性能数值作为极值输入，通过建模/仿真了解系统的功能性能对组件参数的敏感性，确定在输入条件下的性能是否在系统的设计裕度范围内。

（3）系统健壮性分析

系统健壮性是衡量系统在异常输入或压力环境下保持正常工作能力的一种度量，也就是说系统健壮性分析可以看作是系统抵御外界错误的能力，这种错误可能源自分系统、单机、部组件关键参数不包络。系统健壮性分析重点围绕系统任务剖面和飞行时序工作，分析任务动作的接口关系，以不包络可能导致的故障注入的方式对最终系统功能性能的影响进行分析，最终综合所有分析结果评价不包络对系统的整体的健壮性的影响。

（4）系统性能裕度分析

基于关键特性分解树确定的不包络风险传递关系，在综合考虑接口影响的情况下，逐级分析不包络对性能的影响是否在设计时预留的性能裕度范围内。

8.3　管理闭环

8.3.1　研制过程管理闭环

管理上，需要在不同研制阶段和关键节点对包络结果管理闭环进行确认。

1）方案阶段进行功能性能参数的分解，确认识别出的初始关键功能性能参数；

2）初样阶段对关键的功能性能参数进行进一步细化、分解，识别出初始的关键设计参数，进行地面试验与分析，初样阶段可对地面试验结果采用包络分析进行评定，为设计改进提供参考；

3）试/正样阶段完成设计参数、工艺参数、原材料参数、环境参数的分解，形成关键特性清单，收集地面试验与分析的结果，构建包络线开展包络分析，为产品出厂评审提供依据；

4）飞行试验前还应对关键性能参数进行数据差异性分析，对产品各阶段测试数据的一致性进行比对分析，查找是否存在超差、临界、跳变等数据，并对超差、临界、跳变的数据项目进行专题分析，明确产品参数偏差量对飞行试验的影响程度；

5）飞行试验反馈飞行试验结果，收集整理形成包络分析的可用成功飞行子样数据；

6）定型（鉴定）和批生产阶段对关键特性清单进行适度调整，对飞行产品和抽样产品开展数据包络分析，评估产品质量。

在某一研制阶段，型号各级主管部门还应设置管控节点对产品飞行成功子样数据包络分析情况进行确认。以试样阶段为例：

1）在单机产品验收前，单机单位针对原材料、元器件等开展原材料、工艺、关键性能等成功子样数据包络线分析，作为产品验收的重要依据并纳入产品验收评审。

2）在分系统验收前，分系统单位开展成功子样数据包络线分析（含本系统关注的各单机关键特性包络分析情况确认以及系统级关键特性的包络分析情况），作为总体对分系统验收的重要依据并纳入验收评审。

3）在总装测试结束后、型号出厂前，型号组织相关单位针对型号出厂前各单机、分系统产品关键数据，完成包络分析工作，由总体将分析结果汇总形成专题报告或纳入风险分析与控制报告中，进行专题评审，作为型号出厂的必要条件之一。

4）靶场转场或加注前，型号组织相关单位针对发射场测试阶段数据开展包络分析工作，针对单元测试、分系统测试、总检查测试的数据进行比对分析，重点关注数据波动与偏差，作为转场报告中的一项内容。

8.3.2　数据比对分析

（1）产品出厂前后的管理

产品出厂前对产品各项测试性能是否满足技术文件及任务书要求进行确认，只有各项性能指标满足技术文件及任务书要求的产品才能出厂。根据成功子样数据包络分析要求，对出厂前的产品开展成功子样数据包络分析，包络/合格的产品无技术风险，可直接出厂；不包络/合格的产品应对不包络数据进行风险分析，通过故障模式及影响分析、故障树底事件排查等方法，分析不包络参数对系统的影响，通过分析得出不包络项目不影响总体使用，不降低系统功能方可出厂。不合格产品不能出厂。

出厂后总体正式使用前，同时对产品合格结论和成功数据包络风险识别结论进行确认，只有确认所有风险均在总体和系统可接受范围内时，才能投入正式使用。

　　包络分析的技术风险分析情况应根据产品在总体地面试验或飞行试验的任务完成情况、测试结果反馈情况等进行不断完善，对总体使用过程中出现的异常进行分析和采取相应控制措施，并落实到尚未投入使用的产品中。

　　（2）按数据对比情况进行管理

　　很多航天产品按批次组织生产的特点决定了产品的测试数据呈批次性变化，对于包络/合格、不包络/合格的测试数据，通过对比不同批次间的测试数据分布情况及差异性，分析批次间测试数据的稳定性，对于离散性较大的测试数据出厂前应对数据离散原因进行分析，针对性地采取措施降低产品技术风险。

　　对于产品制造过程中原材料参数、工艺过程参数等可能出现的包络/超差、不包络/超差情况，出厂前应对过程超差审理情况进行确认，通过改进制造过程，不断减少超差情况的出现，在产品定型前消除超差使用情况。

8.4　持续改进

　　"质量改进永无止境"是质量管理的基本信念。持续改进是基于共性问题治理的思想，举一反三，将待分析产品中通过产品飞行成功子样数据包络分析发现的问题、识别出的潜在风险反馈给具有同类关键特性的产品和工艺，为产品设计、工艺设计和试验设计与控制提出改进建议。从风险分析的角度来看，基于产品飞行成功子样数据包络分析结果的持续改进目标，一是提高产品和工艺设计的健壮性，降低质量特性波动的影响；二是降低质量特性波动发生的可能性。持续改进的方法有稳健性设计和波动控制。

　　（1）稳健性设计

　　稳健性设计是一种科学、高效的工程优化设计方法体系，其最为科学、有效的方法是田口方法。田口方法的基本思想是用正交表安排试验方案，以误差因素模拟造成产品质量波动的各种干扰，以信噪比作为衡量产品质量稳健性的指标，通过对各种试验方案的统计分析，找出抗干扰能力最强、调整性能最好、性能最稳定、可靠的设计方案，并以质量损失最小为原则，合理地确定参数的容差，以达到成本最低、质量最优的技术经济综合效果。田口方法的三次设计指工程设计过程中的系统设计、参数设计和容差设计。基于产品飞行成功子样数据包络分析结果的改进设计主要体现参数设计和容差设计阶段。

　　参数设计的基本思想是通过选择系统中所有参数（包括原材料、零件、元件等）的最佳水平组合，从而尽量减少外部、内部和产品间三种干扰的影响，使所设计的产品质量特性波动小，稳定性好。

　　容差设计的目的是在参数设计阶段确定的最佳条件的基础上，确定各个参数合适的容差。容差设计的基本思想如下：根据各参数的波动对产品质量特性贡献（影响）的大小，从经济性和风险控制的角度考虑有无必要对影响大的参数给予较小的容差（例如用较高质量等级的元件替代较低质量等级的元件）。这样做，一方面可以进一步减少质量特性的波动，提高产品的稳定性，减少质量损失；另一方面，由于提高了元件的质量等级，也会使产品的成本有所增加。

（2）波动控制

主要是在关键质量特性的实现过程中，通过产品成功子样数据包络分析结果对"人、机、料、法、环"等质量控制环节进行优化，通过强化人员培训、定期的或主动的设备维护、标准化工作程序以及生产过程防错（Poka - Yoke）等手段，确保产品质量稳定，减少质量特性波动。

8.5　本章小结

本章提出了产品飞行成功子样数据包络分析结果闭环管理的工作思路和要求，针对待分析产品开展技术闭环和管理闭环，基于四种结果从设计、生产、试验和管理等方面提出后续措施。针对技术闭环，本章探讨了基于单一特性的技术闭环和基于系统思想的闭环工作思路和方法，从研制阶段关键节点管理和数据比对分析两方面提出了管理闭环的要求。同时还给出了针对具有相同特性的同类产品的持续改进方法。

第9章 运载火箭产品飞行成功子样数据包络分析实践

9.1 引言

产品飞行成功子样数据包络分析已在运载火箭广泛应用，构建了运载火箭全箭关键特性分解树，明确了运载火箭上下级之间的质量保证关系；识别出运载火箭系统、分系统、单机的性能、工艺、材料、环境等关键特性，并开展了产品飞行成功子样数据包络分析，通过产品飞行成功子样数据包络分析结果识别技术风险，为型号两总决策提供了依据。这里以运载火箭动力及增压输送系统为例，阐述产品成功飞行数据子样包络分析在航天工程实践中的应用过程。

9.2 产品飞行成功子样数据包络分析程序

液体火箭动力系统总体的包络分析工作流程一般包括：包络分析对象的选取与确定、包络分析关键参数的选取与确定、关键参数间关联性分析、包络分析和产品质量风险分析的闭环管理，如图9-1所示。

9.2.1 关键产品和关键特性确定程序与方法

9.2.1.1 确定关键产品对象

（1）确定关键产品的原则

动力系统的组成作为选取关键产品的范围，以实现关键功能、满足系统功能要求作为确定关键产品的原则。

（2）确定关键产品的程序

确定关键产品的一般程序如下：

1）技术要求分析：根据研制要求或总体要求，梳理对液体火箭动力系统总体的要求，一般的依据性文件为项目研制总要求、型号总体项目要求、火箭理论构型图等；

2）设计要求分析：根据动力系统总体设计内容，梳理液体火箭动力系统产品组成，形成关键产品选择范围，一般的依据性文件为动力系统原理图等；

3）系统功能分析：根据满足系统功能要求的原则，确定关键产品，一般的依据性文件为发动机任务书、增压输送系统任务书、辅助动力系统任务书、逃逸系统任务书等。

（3）确定关键产品的方法

1）技术要求分析方法为：产品结构树；

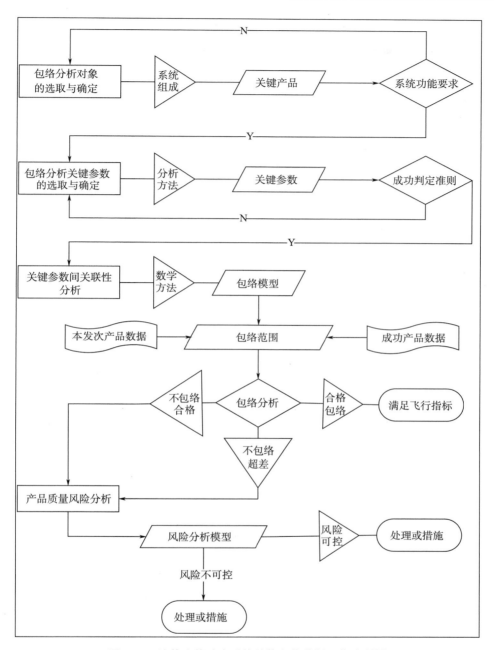

图 9 - 1 液体火箭动力系统总体包络分析工作流程图

2) 设计要求分析方法为：系统原理及系统组成图；

3) 系统功能分析一般方法为：功能流框图。

9.2.1.2 确定关键参数

（1）确定关键参数的原则

根据满足成功评判准则作为确定关键参数的基本原则，选择关键参数还应符合下列原则：因果唯一性原则、可测试可量化原则。

因果唯一性原则：参数间存在因果关系的，应选择最终影响参数作为关键参数。

可测试可量化原则：关键参数是可以进行测试或者可以量化获取定性数据的参数。

（2）确定关键特性的程序

确定关键参数的一般程序为：

1）系统参数分析：通过多种方法，对系统进行分析后，提取出相关参数；

2）参数比对分析：通过比对所有相关参数，形成合集；

3）以"成功判定准则"为原则，选取满足要求的参数，确定为关键参数。

（3）确定关键参数的方法

1）系统参数分析的方法：功能分解法、故障模式及影响分析、可靠性分析；

2）参数比对分析的方法：交集法、合集法；

3）以"成功判定准则"为原则，选取满足要求的参数，确定为关键参数。

（4）关键参数耦合性分析

对于动力系统关键参数之间的关联性，可以通过多种方法进行研究。

①系统关联性分析

如果关键参数属于不同系统模块或同系统中属于独立系统，则关键参数间可判定为无耦合关系。例：二级动力系统与三级动力系统的各自关键参数可判定为无耦合参数；同属于三级动力系统的主发动机系统与辅助动力系统的各自关键参数可判定为无耦合关系。

②功能关联性分析

在同一系统内部的关键参数，通过其功能关联性分析来识别其耦合性。关键参数指标涉及实现同一系统功能，则关键参数存在耦合关系；实现不同系统功能，则视为不存在耦合关系。

例：对于典型的燃气发生器循环发动机，其发动机推力 F_z 是表征主发动机功能的重要参数，而伺服机构流量参数 G_{sf} 是由发动机提供的保证伺服机构正常工作的重要参数。虽然关键参数由同一系统提供，但其实现不同的功能，则这两个关键参数无耦合关系。

9.2.2　包络范围构建程序与方法

9.2.2.1　数据收集与整理

（1）数据收集范围界定

根据动力系统总体特点及关键参数的测试性，可将数据范围分为三级。

一级数据范围：飞行任务数据，真实性、可信度最高，适用于系统、单机的分析。

二级数据范围：地面系统试验，包括动力系统试车、抽检试车、交付试车等存在天地差异，但是通过数据积累及工程分析，可消除天地差异的影响，具有一定的可信度。

三级数据范围：地面单机试验，包括单机验收、鉴定、交付试验数据，存在与系统匹配以及天地工作状态的差异，通过加严条件或数据积累，可以用于包络分析。

（2）数据有效性分析

对于一级数据，由测量系统保证，并给出测量系统误差分析，可用直接剔除的方法去掉异常野点数据；也可适当采用数据拟合进行还原确认。

对于二级数据，除测量系统误差分析外，重点是对天地数据的修正，可采用天地数据对比拟合法。

对于三级数据，重点考虑系统对单机试验数据的影响，可通过系统仿真以及上级数据进行修正。

9.2.2.2　构建包络范围

（1）关键参数大样本

关键参数大样本是指一级数据超过 50 的，可以参考统计过程方法的基于 3 倍标准差（置信度 0.997 3）建立上、下包络线。

（2）关键参数小子样

关键参数一级样本在 10 到 50 之间的，可以参考统计过程方法单值移动极差基于 3 倍标准差（置信度 0.997 3）建立上、下包络线。

对于可用样本数据量小于 10 的可扩充使用二级、三级数据进行分析；根据扩充后的样本数量选择统计过程方法建立上、下包络线。

9.2.3　产品质量风险分析方法

（1）包络结果综合分析

根据包络分析结果，对于数据不包络/合格、不包络/超差的情况要进行产品质量风险分析评估。

针对动力系统关键参数，系统模型的评估方法可以用串联模型来实现；单个参数的评估分析模型可以采用分段评估的办法。

单个参数评估分析方法

$$\Phi = \Psi \{ Y = f(x_1), 0 \leqslant Y < 1, -\delta \leqslant x_1 - X < -\varepsilon \}$$
$$Y = 1, -\varepsilon \leqslant x \leqslant +\varepsilon$$
$$Y = f(x_2), 0 \leqslant Y < 1, \varepsilon < x_2 - X \leqslant \delta$$

式中　Φ ——风险评估值；

　　　Ψ ——评估因子（与影响因素的数量及准确性有关，不发生影响因素变化的情况下，一般取 1）；

　　　Y ——区段风险评估值；

　　　x ——关键参数实测值；

　　　X ——额定设计值；

　　　ε ——允许偏差值；

　　　δ ——极限偏差值。

（2）液体动力系统评估分析方法

系统模型风险评估值 $R = \Phi_1 \Phi_2 \Phi_3 \cdots$

用该模型进行三级动力系统风险分析，可通过修正单个关键参数的评估因素及因子，完善风险评估模型。

系统模型风险评估数据仅作为本发系统产品质量分析及处理的参考。

9.2.4 包络潜在风险闭环管理

对影响风险评估数据的因素进行分析，可从两方面进行改进：

1）对涉及的设计指标重新进行复核，优化设计要求，提高对设计的认识，逐渐达到设计指标与使用指标的统一；

2）提高对产品过程控制的要求，从"九新"进行分析，找出差异逐个进行改善。

9.3 产品飞行成功子样数据包络分析系统

为有效评估型号产品质量，确定当前产品能否满足飞行试验要求，为累积型号产品过程数据，为工艺、设计改进提供数据支撑。按照9.2.2节所述的产品飞行成功子样数据包络分析程序，设计开发产品飞行成功子样数据包络分析的软件，开展产品结构、产品性能、工艺材料等基础数据的收集，建立数据库；开展标准格式的数据导入导出研究，将包络分析研究成果在软件中落地，形成可使用的包络分析算法包，软件要具备的功能如图9-2所示。

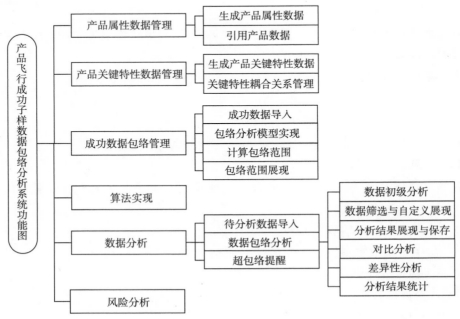

图 9-2　系统功能结构图

　　1) 数据输入功能：能提供成功数据和待分析数据的批量导入功能，提供原始数据存档功能，操作过程中，对原始数据进行保护，不得篡改原始数据。

　　2) 数据定义功能：提供手工录入、按模板导入特性等方式定义数据特征，特征量一般包括产品名称、代号、生产编号、测试阶段、测试状态、测试时间等相关信息，以及数据定义补充。软件界面如图 9-3 所示。

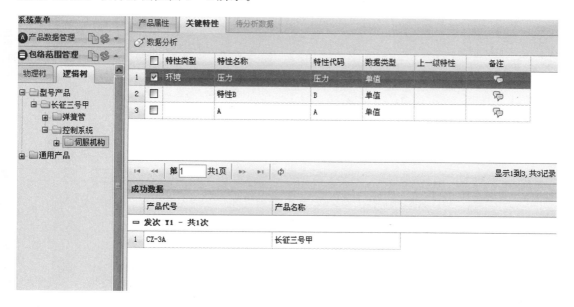

图 9-3　数据定义界面

　　3) 查询功能：提供单项查询、组合查询、模糊查询等多种方式，实现快速检索功能。可实现提供按照型号、任务、产品名称、产品图号、产品批次等关键项，对数据包络数据进行查询。

　　4) 数据分析功能：提供对选定特性数据进行初级分析和包络分析，软件界面如图 9-4 所示。

　　5) 分析结果展现功能：以图形形式进行包络线、包络面等指标值、分析值、包络结果的展现，且对每一次的分析结果进行保存，可供后续追溯查看。

　　6) 流程审批功能：对分析结果进行的后续措施，提供流程审批功能，实现产品飞行成功子样数据包络分析结果风险分析和闭环管理。

　　7) 数据输出功能：导出分析结果，导出产品特性相关属性。

　　8) 权限控制：按数据的密级对数据进行定密处理；对型号队伍人员按岗位进行划分，根据不同岗位确定权限范围。

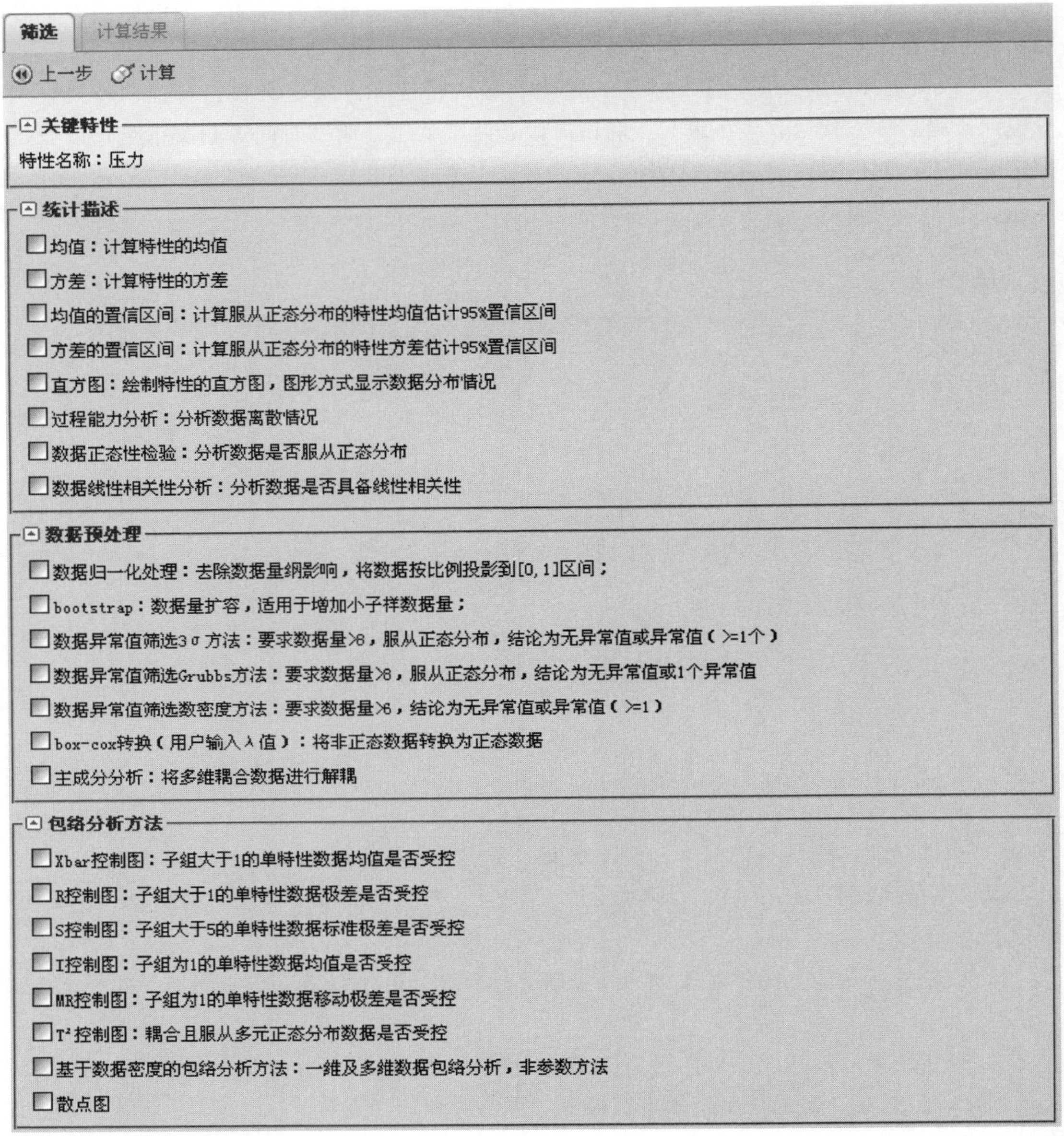

筛选　　计算结果

◀ 上一步　◆ 计算

┌─ ⊟ 关键特性 ──────────────────────────────────
│ 特性名称：压力
└──

┌─ ⊟ 统计描述 ──────────────────────────────────
│ □ 均值：计算特性的均值
│ □ 方差：计算特性的方差
│ □ 均值的置信区间：计算服从正态分布的特性均值估计95%置信区间
│ □ 方差的置信区间：计算服从正态分布的特性方差估计95%置信区间
│ □ 直方图：绘制特性的直方图，图形方式显示数据分布情况
│ □ 过程能力分析：分析数据离散情况
│ □ 数据正态性检验：分析数据是否服从正态分布
│ □ 数据线性相关性分析：分析数据是否具备线性相关性
└──

┌─ ⊟ 数据预处理 ─────────────────────────────────
│ □ 数据归一化处理：去除数据量纲影响，将数据按比例投影到[0,1]区间；
│ □ bootstrap：数据量扩容，适用于增加小子样数据量；
│ □ 数据异常值筛选3σ方法：要求数据量≥8，服从正态分布，结论为无异常值或异常值（≥1个）
│ □ 数据异常值筛选Grubbs方法：要求数据量≥8，服从正态分布，结论为无异常值或1个异常值
│ □ 数据异常值筛选数密度方法：要求数据量≥6，结论为无异常值或异常值（≥1）
│ □ box-cox转换（用户输入λ值）：将非正态数据转换为正态数据
│ □ 主成分分析：将多维耦合数据进行解耦
└──

┌─ ⊟ 包络分析方法 ─────────────────────────────────
│ □ Xbar控制图：子组大于1的单特性数据均值是否受控
│ □ R控制图：子组大于1的单特性数据极差是否受控
│ □ S控制图：子组大于5的单特性数据标准极差是否受控
│ □ I控制图：子组为1的单特性数据均值是否受控
│ □ MR控制图：子组为1的单特性数据移动极差是否受控
│ □ T²控制图：耦合且服从多元正态分布数据是否受控
│ □ 基于数据密度的包络分析方法：一维及多维数据包络分析，非参数方法
│ □ 散点图
└──

图 9-4　数据初级分析界面

9.4　产品飞行成功子样数据包络应用实践

9.4.1　关键产品和关键特性确定

　　运载火箭一般由动力系统、箭体结构、控制系统、测量系统等组成，如图9-5所示。

　　运载火箭在"基于飞行功能分解"和"基于可靠性评估"两种方法结合前提下，一般选取总体、系统进行产品飞行成功子样数据包络分析和应用研究，并进行指标的分解及传递。

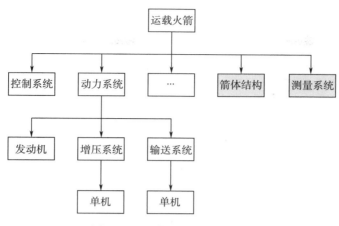

图 9 - 5　运载火箭组成示意图

　　不同火箭、不同发次的任务对发射成功的评判标准略有差异，但是运载火箭的最终任务是将卫星以要求入轨精度送入预定的轨道，因此成功准则基本以有效载荷准确入轨为原则而制定，确定运载火箭发射圆满成功的标准为：

　　1）运载火箭一、二、三级按预定轨道稳定飞行，并将卫星送入地球同步转移轨道，卫星入轨参数及偏差符合规定要求；

　　2）运载火箭一、二、三级按预定轨道稳定飞行，并将卫星送入地球同步转移轨道，但参数出现超差，卫星仍然可用且满足用户对运行寿命的指标要求，运载火箭发射圆满成功。

　　因此，以"成功评判准则"为方法确定运载火箭总体关键参数，即选择的参数能够确定本发飞行任务圆满成功。例如，以长征火箭发射 GTO 卫星为例，总体数据包络分析对象见表 9 - 1。

表 9 - 1　总体关键参数

符号	参数名称
Δa	半长轴
Δi	轨道倾角
$\Delta \omega$	近地点幅角
$\Delta \Omega e$	升交点经度
ΔH_p	近地点高度

　　以液体运载火箭动力系统为例，基于运载火箭总体关键参数，利用型号产品结构树、系统功能分析等方法确定关键产品，利用质量功能展开、故障模式及影响分析等方法对系统特性进行全面识别，并进行参数对比分析确定关键特性，以"成功评判准则"为基本原则，确定关键参数。

　　（1）技术要求分析

　　输入文件：运载火箭研制总要求、理论图、型号总体原始数据。

输出文件：产品结构树（以某运载火箭为例，如图9-6所示）。

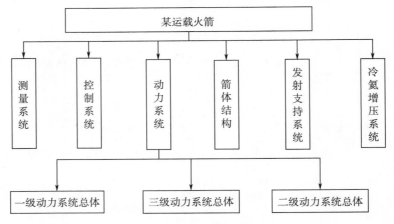

图9-6　某运载火箭产品结构树

（2）设计要求分析

输入文件：动力系统原理图。

输出文件：动力系统组成图，如图9-7所示。

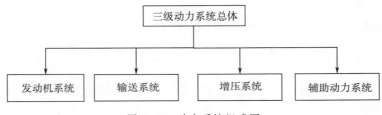

图9-7　动力系统组成图

（3）系统功能分析

输入文件：发动机任务书、增压输送系统任务书、辅助动力系统任务书。

输出文件：功能流框图。以三级动力系统为例，三级动力系统功能流框图如图9-8所示。

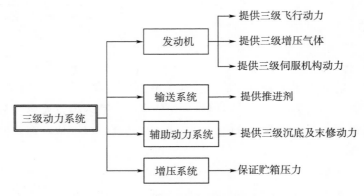

图9-8　三级动力系统功能流框图

（4）质量功能展开

根据动力质量功能展开及分析，梳理出动力系统总体关键参数，见表 9 - 2。由质量功能展开方法，动力系统选取 10 个关键特性参数。

表 9 - 2 质量功能展开关键参数梳理统计表

序号	参数名称	符号（单位）
1	发动机真空推力	F_z（kN）
2	伺服机构供氢流量	G_{sf}（kg/s）
3	自生增压流量	G_{rz}（kg/s）
4	氧增压流量	G_{yF}（kg/s）
5	燃增压流量	G_{rF}（kg/s）
6	燃烧剂温度	W_{rs}（K）
7	氧化剂温度	W_{ys}（K）
8	沉底发动机推力	F_{cd}（kN）
9	燃保险阀工作压力	P_{rb}（MPa）
10	氧安溢阀工作压力	P_{ya}（MPa）

（5）故障模式及影响分析

对动力系统进行故障模式及影响分析，对于影响成败的故障模式所涉及的参数，选取为关键参数。采用故障模式及影响分析方法，动力系统选取 7 个关键参数，见表 9 - 3。

表 9 - 3 动力系统故障模式及影响分析关键参数

序号	参数名称	符号（单位）
1	氧泵入口压力	P_{yh}（MPa）
2	燃泵入口压力	P_{rh}（MPa）
3	燃烧剂温度	W_{rb}（K）
4	氧化剂温度	W_{yb}（K）
5	发控气瓶压力	P_{fk}（MPa）
6	吹除气瓶压力	P_{fc}（MPa）
7	冷氦气瓶压力	P_{lh}（MPa）

（6）参数比较分析

通过质量功能展开和故障模式及影响分析分别确定了 10 个、7 个关键特性，其中交集参数 2 个，即 2 种方法共梳理 15 个动力系统特性参数，如图 9 - 9、图 9 - 10 所示。

（7）确定关键参数

以"成功评判准则"为基本原则，遵循因果唯一性、可测试、可量化的原则，动力系统总体关键参数见表 9 - 4。

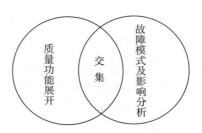

图 9 - 9　特性参数分布示意图

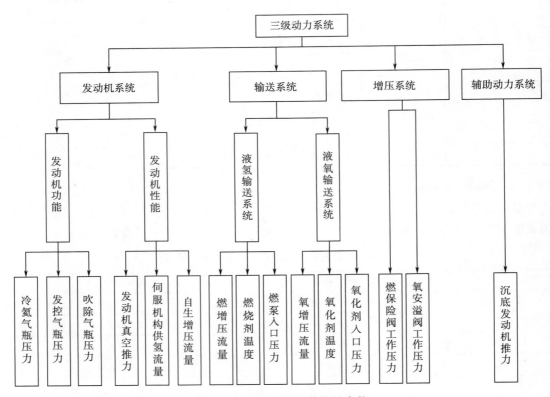

图 9 - 10　动力系统总体特性参数

表 9 - 4　动力系统总体关键参数

序号	参数名称	符号（单位）
1	发动机真空推力	F_z（kN）
2	伺服机构供氢流量	G_{sf}（kg/s）
3	燃增压流量	G_{rF}（kg/s）
4	燃保险阀工作压力	P_{rb}（MPa）
5	氧安溢阀工作压力	P_{ya}（MPa）
6	沉底发动机推力	F_{cd}（kN）

9.4.2　分系统的确定

结合总体对于增压输送系统的指标输入，并结合型号工作中对增压输送系统的单点故障模式的识别，以及故障模式及影响分析等方法，梳理出增压输送系统的关键单机以及关键参数，重点关注在飞行中有动作的阀门单机产品进行分析、判别。

某型运载火箭增压输送系统包括一二级、助推常温增压输送系统和三子级低温增压输送系统。

运载火箭一二级常温增压输送系统主要由安溢活门、增压单向阀、测压单项活门、卸荷开关、电爆活门、加注阀、气瓶、膜片、蓄压器、输送管路、补偿器、增压管路等单机组成，飞行中有动作的产品有安溢活门、电爆活门、膜片。三子级低温增压输送系统主要由冷氦卸荷开关、低温单向阀、液氧安溢活门、氢箱保险阀、氢箱排气阀、液氧加注阀、液氢加注阀、低温过滤器、低温增压电磁阀、压力信号器、孔板、冷氦气瓶、增压管、输送管等单机组成，飞行中有动作的产品有安溢活门、电磁阀、压力信号器。

（1）功能展开原理图

根据运载火箭增压输送系统原理图，对增压输送系统进行功能展开，其主要功能展开如图 9 - 11～图 9 - 16 所示。

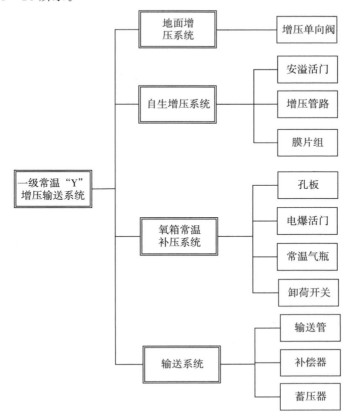

图 9 - 11　运载火箭一级常温"Y"增压输送系统框图

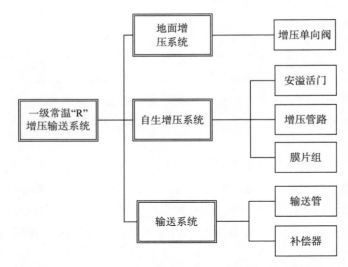

图 9-12　运载火箭一级常温"R"增压输送系统框图

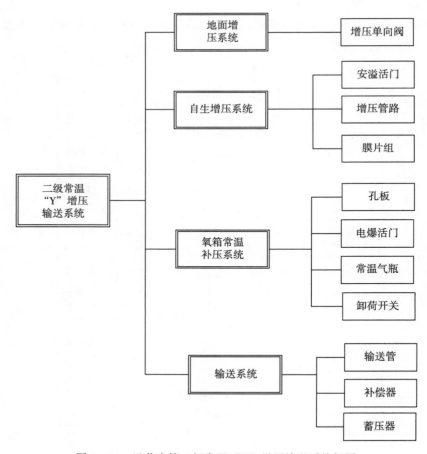

图 9-13　运载火箭二级常温"Y"增压输送系统框图

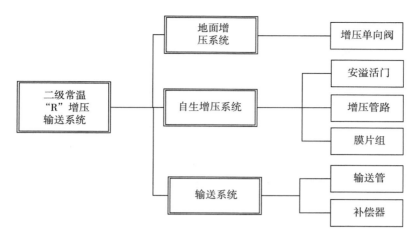

图 9-14 运载火箭二级常温 "R" 增压输送系统框图

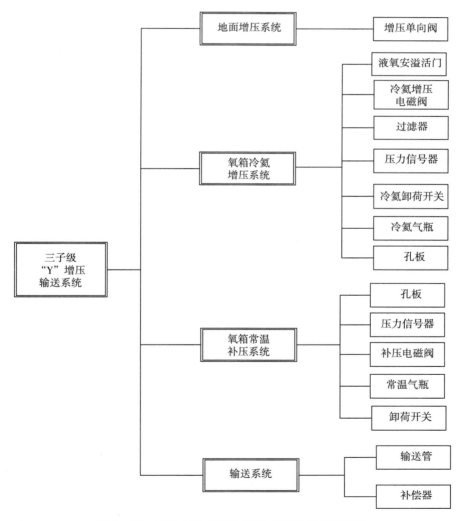

图 9-15 运载火箭三子级 "Y" 增压输送系统框图

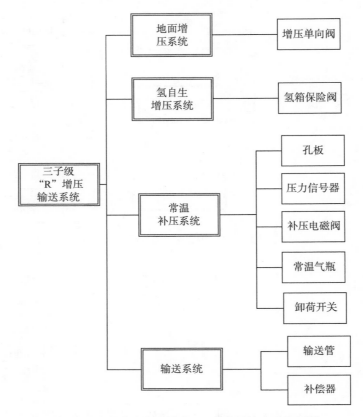

图 9-16　运载火箭三子级"R"增压输送系统框图

（2）Ⅰ、Ⅱ类故障模式

对火箭增压输送系统故障模式进行梳理，增压输送系统Ⅰ、Ⅱ类单点故障如图 9-17 所示。由梳理结果可知，输送管、气瓶含有Ⅰ类单点故障，安溢活门、膜片、增压管、电爆活门、蓄压器、压力信号器、电磁阀含有Ⅱ类单点故障。

（3）典型单机产品的关键参数的确定

结合火箭增压输送系统的功能展开图和Ⅰ、Ⅱ类单点故障，安溢活门、补偿器、破裂膜片、蓄压器、电磁阀等产品在飞行中有动作，含有Ⅱ类单点故障，且影响飞行任务的成败，因此将安溢活门、补偿器、破裂膜片、蓄压器、电磁阀确定为关键单机，输送管、气瓶含有Ⅰ类单点故障，单机失效影响巨大，因此，将输送管、气瓶确定为关键单机。

所有单机产品的原材料均进行入厂复验，膜片、弹簧等原材料的延伸率、抗拉强度是影响安溢活门、电磁阀、蓄压器寿命的关键因素，因此，将膜片、弹簧等原材料的延伸率、抗拉强度确定为安溢活门、电磁阀、蓄压器等产品的关键参数。飞行中动作阀门，如安溢活门、电磁阀，其动作能否正常启闭直接关系火箭飞行正常与否，因此将安溢活门开启压力、大流量压力，电磁阀漏量作为关键参数。经梳理，火箭一二级、三子级增压输送系统关键单机及参数，如图 9-18～图 9-22 所示。

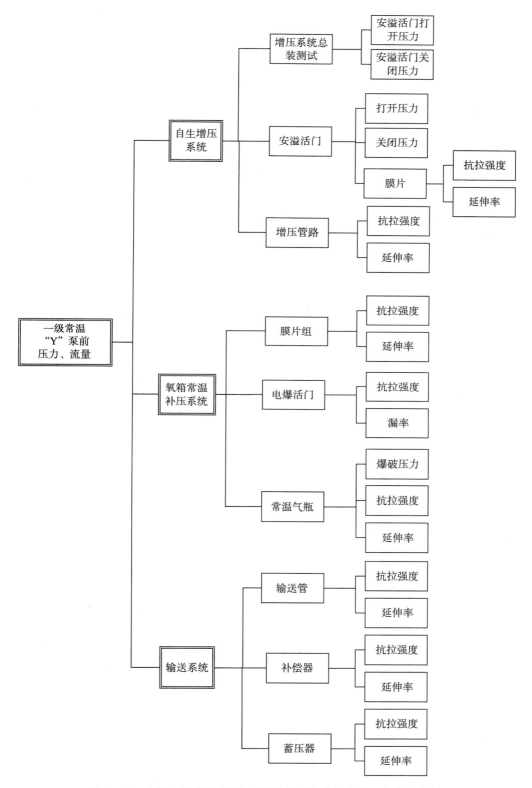

图 9-17　火箭一级常温"Y"增压输送系统关键单机、参数结构树

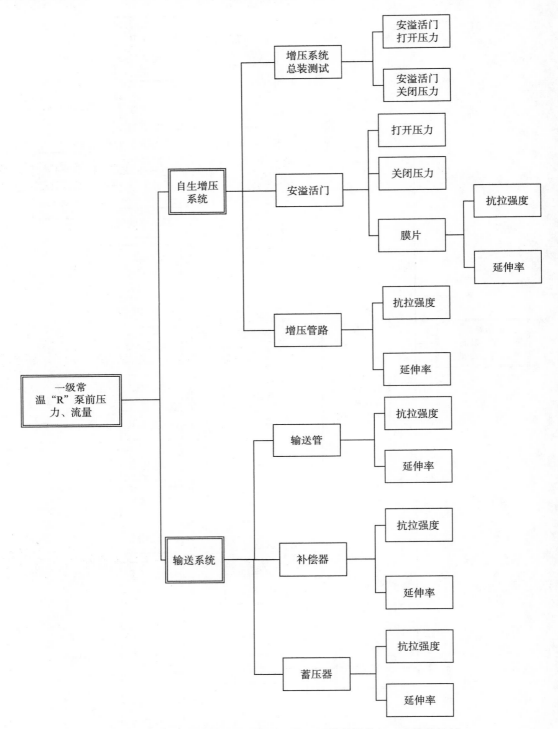

图 9-18　火箭一级常温 "R" 增压输送系统关键单机、参数结构树

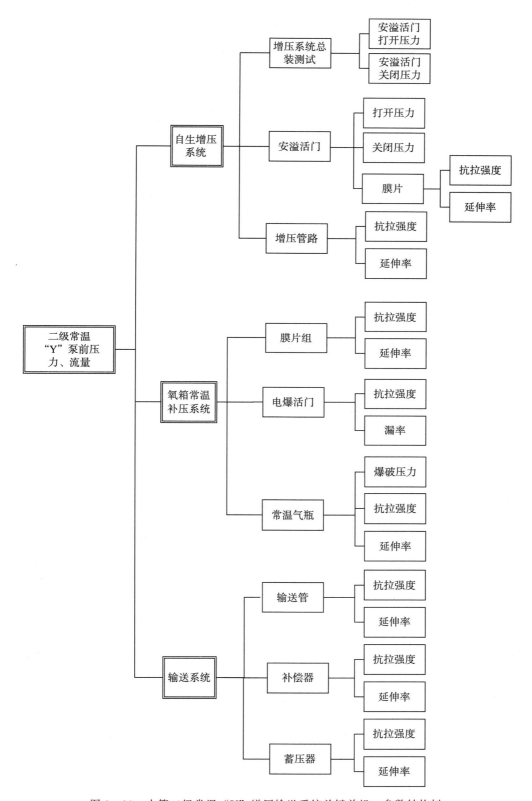

图 9-19　火箭二级常温"Y"增压输送系统关键单机、参数结构树

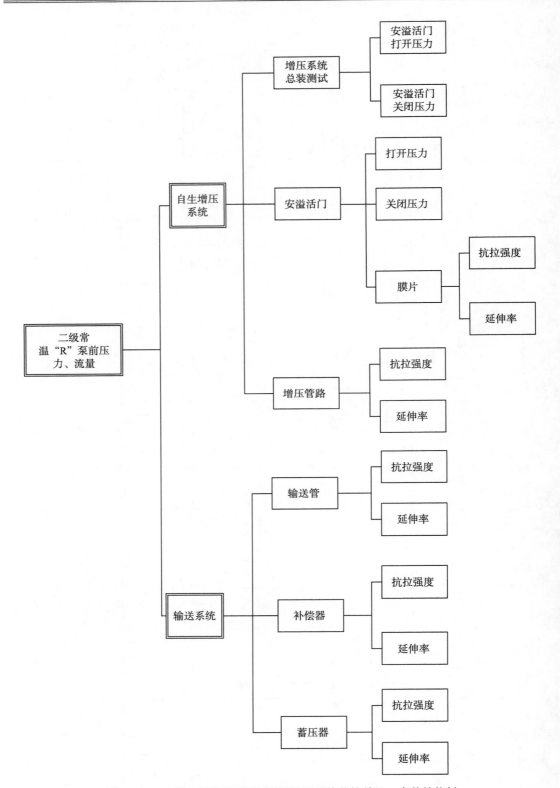

图 9-20　火箭二级常温"R"增压输送系统关键单机、参数结构树

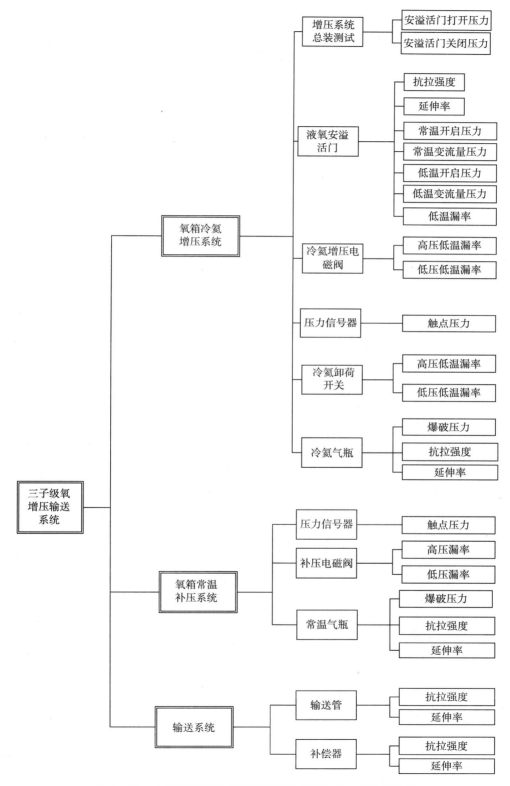

图 9 - 21　火箭三子级氧增压输送系统关键单机、参数结构树

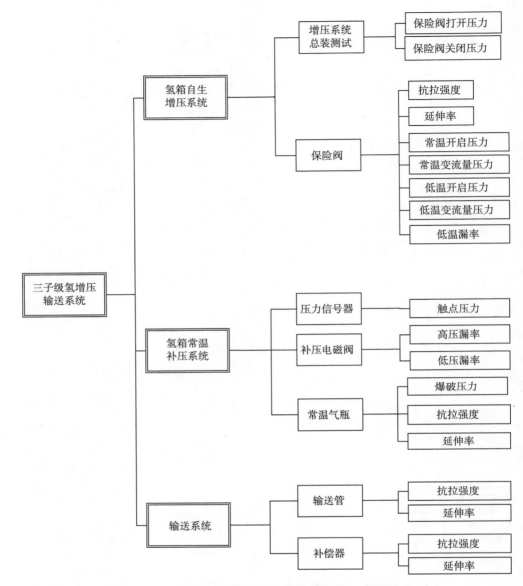

图 9-22　火箭三子级氢增压输送系统关键单机、参数结构树

9.4.3　包络模型及分析

（1）关键参数分析及包络模型构建

动力系统总体通过系统关联性分析及功能关联性分析，对关键参数进行耦合分析。以火箭动力系统总体为例。

①系统关联性

根据系统组成可知，发动机系统、辅助动力系统为两个独立功能系统，其关键参数之间可视为无耦合关系，即表 9-4 中的关键参数 1、2、3，关键参数 4、5 与关键参数 6 之间无耦合关系。

②功能关联性分析

同一系统内的关键参数 1、2、3 分别实现不同的功能，因此无耦合关系；同理，关键参数 4、5 无耦合关系。

对于单个关键参数的包络模型，采用基于正态分布的标准差方法建立上、下包络线模型，如图 9 - 23 所示。

1）关键参数大样本是指一级数据超过 50 的，可以参考统计过程方法的基于 3 倍标准差（置信度 0.997 3）建立上、下包络线。

2）关键参数小子样是指在 10 到 50 之间的，可以参考统计过程方法单值移动极差基于 3 倍标准差（置信度 0.997 3）建立上、下包络线。

3）对于可用样本数据量小于 10 的可扩充使用二级、三级数据进行分析；根据扩充后的样本数量选择统计过程方法建立相应包络范围。

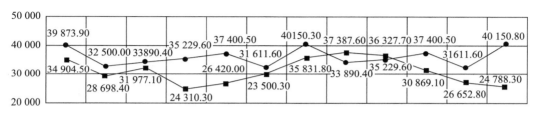

图 9 - 23　包络模型折线图

（2）成功数据定义及包络范围构建

①大样本

对包络数据进行统计分析，得到样本数据的均值和方差，以均值为中心。建立基于 3 倍标准差（置信度 0.997 3）的上、下包络线。假设数据样本为 $(x_1, x_2, \cdots, x_n)$，则样本均值、方差为

$$\overline{x} = \frac{1}{n} \sum_{i=1}^{n} x_i \tag{9-1}$$

$$s^2 = \frac{1}{n-1} \sum_{i=1}^{n} (x_i - \overline{x})^2 \tag{9-2}$$

$$\mathrm{LDE} = \overline{x} - D_3 s \tag{9-3}$$

$$\mathrm{UDE} = \overline{x} + D_4 s \tag{9-4}$$

式中 D_3、D_4 从统计手册中查询。

②小子样

当可用样本数据量在 10 到 50 之间时，按统计过程控制方法单值移动极差基于 3 倍标准差（置信度 0.997 3）建立上、下包络线

$$\overline{x} = \frac{1}{n} \sum_{i=1}^{n} x_i \tag{9-5}$$

$$R = \max(x_i - x_j) \tag{9-6}$$

$$LDE = \overline{x} - m_1 R \qquad\qquad (9-7)$$

$$UDE = \overline{x} + m_2 R \qquad\qquad (9-8)$$

当可用样本数据量在 5 到 10 之间时，按 Bootstrap 等扩充样本量的方法建立上、下包络线。

应用过程如下：

1）从 n 个子样值得近似累积分布函数，把 n 个子样值按值自小至大顺序编号排列，得（x_1，x_2，$\cdots$，x_n），用最简估算法得 i 处的累积概率值为

$$p_i = \frac{i}{n} \qquad\qquad (9-9)$$

由此可得子样的经验分布函数为

$$p_x = \begin{cases} 0 & x < x_1 \\ \dfrac{i}{n} & x_i \leqslant x < x_{i+1} \\ 1 & x > x_n \end{cases} \qquad\qquad (9-10)$$

2）根据 p_x 分布用随机抽样（抽样数为大数，用 N 表示），得随机抽样集合

$$X_k = (x_{1,k}, x_{2,k}, \cdots, x_{n,k})，k = 1, 2, \cdots, N \qquad\qquad (9-11)$$

X_k 称为 Bootstrap 子样。

具体方法如下：

a）产生 [0，1] 区间均匀分布的随机数 η；

b）令 $\beta = (n-1)\eta$，$i = \text{int}(\beta) + 1$，$\text{int}(\beta)$ 为对 β 下取整；

c）$x_F = x_{(i)} + (\beta - i + 1)(x_{(i+1)} - x_{(i)})$，得到的 x_F 为所需的一个随机样本点；

d）重复 n 次即可得到一个 Bootstrap 子样 $X^{(1)} = (x_{1,1}, x_{2,1}, \cdots, x_{n,1})$；

e）利用得到的 Bootstrap 子样 $X^{(1)} = (x_{1,1}, x_{2,1}, \cdots, x_{n,1})$ 构造经验累积分布函数，然后运用参数估计方法得出 Bootstrap 估计，计算其样本均值记为 $\overline{X}^{(1)}$；

f）重复上述步骤 N（N 一般取 1 000 次以上）次，记第 i 次抽样得到的样本均值为 $\overline{X}^{(i)}$；

g）将得到的 N 个样本 Bootstrap 样本均值 $\{\overline{X}^{(1)}, \overline{X}^{(2)}, \cdots, \overline{X}^{(N)}\}$ 按照从小到大的顺序依次排列，称为 Bootstrap 经验分布。

3）给定显著性水平 α，计算 $[(1-\alpha) \times (N+1)]$，则 $X^{[(1-\alpha) \times (N+1)]}$ 即为质量特性值的 $(1-\alpha) \times 100\%$ 分位点。

4）当产品飞行成功子样数据包络线的控制限取 3σ 处，则上控制限 UCL 等于 Bootstrap 经验分布中第 99.865% 百分位数，下控制限 LCL 等于 Bootstrap 经验分布中第 0.135% 百分位数。

（3）包络范围确定方法案例

目前某型运载火箭已飞行几十次，但远小于大样本要求的数量，因此按统计过程控制方法单值移动极差基于 3 倍标准差（置信度 0.997 3）建立上、下包络线。

如二级 R 安溢活门大膜片抗拉强度已往成功发次数据为：1 440、1 500、1 440、1 500、1 440、1 500、1 440、1 500、1 440、1 500、1 440、1 500、1 440、1 500、1 440、1 500、1 380、1 380、1 390、1 390、1 390、1 380、1 380，对该组数据按式（9 - 5）、式（9 - 6）计算，得到其均值为 1 443，极差为 120，查统计手册表，将数据代入式（9 - 7）、式（9 - 8）得到膜片抗拉强度包络上限为 1 630，下限为 1 390。

（4）包络分析

根据关键参数的样本范围及特点，采用上述相应的包络模型，建立包络线，以本发此数据为输入，按表 9 - 5 的判定原则进行包络分析，可以得出相应分析结论。

表 9 - 5　包络分析判定原则表

序号	判定依据	判定准则	判定结论
1	产品设计上下线称为合格线 产品包络上下线称为包络线	实际值在合格线、包络线内	包络/合格
2		实际值在包络线内，但超出合格线	包络/超差
3		实际值在合格线内，但超出包络线	不包络/合格
4		实际值超出合格线及包络线	不包络/超差

9.4.4　产品质量风险分析

（1）定性包络分析

基于包络线分析本发次数据可能出现包络/合格、包络/超差、不包络/合格、不包络/超差四种情况，除包络/合格外，对其余三种情况应分别处理，处理的措施汇总形成表 9 - 6。

对于经包络分析后，不包络的产品需要对其进行风险分析，为产品使用决策或处理措施提供依据。产品超指标处理见表 9 - 6。

表 9 - 6　产品超指标处理

关键特性名称	包络结果	有无风险	风险等级	风险应对措施	措施验证手段
发动机推力	合格/包络	无			
	合格/不包络	有	低	包络分析报告	
	超差/包络	有	中	不接收或更换	重新进行校准试车
	超差/不包络	有	高	不接收或更换	重新进行校准试车

（2）定量风险评估

根据不同产品及其参数的属性可使用不同的方法进行风险评估，下面提供对于动力系统总体风险评估的一种方法，仅作为参考。

①关键参数评估分析

对动力系统总体无耦合关系的关键参数，其模型为点模型的建立，评估方法如下：

$$\Phi = \Psi \{ Y = f(x_1), 0 \leqslant Y < 1, -\delta \leqslant x_1 - X < -\varepsilon \}$$
$$Y = 1, -\varepsilon \leqslant x \leqslant +\varepsilon$$
$$Y = f(x_2), 0 \leqslant Y < 1, \varepsilon < x_2 - X \leqslant \delta$$

式中　Φ ——风险评估值；

　　　　Ψ ——评估因子（与影响因素的数量及准确性有关，不发生影响因素变化的情况，一般取1）；

　　　　Y ——区段风险评估值；

　　　　x ——关键参数实测值；

　　　　X ——额定设计值；

　　　　ε ——允许偏差值；

　　　　δ ——极限偏差值。

②系统模型的构建及评估

针对三子级动力系统，系统模型的评估方法可以用串联模型来实现。

液体动力系统评估分析方法：

系统模型风险评估值 $R = \Phi_1 \Phi_2 \Phi_3 \cdots$

③风险评估应用分析

根据系统风险评估模型 $\Phi = \Phi_F \Phi_L = 0.989\,4 \times 0.999\,6 = 0.989\,0$

该模型包含了影响液体火箭动力系统成功的因素，分别为推力偏差评估和增压流量偏差评估。用该模型进行三级动力系统风险分析，可通过修正单个关键参数的评估因素及因子，完善风险评估模型。

针对三子级动力系统成功子样数据包络的风险评估，通过数据来看系统风险值为0.989 0，反映了三子级动力系统基于试验交付数据及产品验收情况有较高的可靠性，与成功数据相比有一定的试验基础支持，但从实际飞行任务来看，还有一定的局限性，主要体现在对评估因子的取值上。

9.4.5　产品闭环管理

除包络/合格外，对其余三种情况应分别处理，具体措施如下：

1）包络/超差，说明设计指标的可能存在一定偏差，后续需修正设计指标；

2）不包络/合格，说明设计指标范围较大，后续应根据统计情况缩小设计指标范围；

3）不包络/超差，应对该数据进行风险分析，风险不满足要求时，应更换上箭产品。

增压输送系统各关键产品及关键参数的风险管理措施见表9-7～表9-8。

表 9 - 7　常温自生增压系统典型关键产品及其关键特性风险闭环管理汇总表

序号	系统	关键单机	关键参数	系统参数	包络结果	有无风险	风险等级	风险应对措施	措施验证手段
1	氧常温补压系统	电爆阀	杆抗拉强度		合格/包络	无	低	—	材料入厂复验
					超差/包络	有	中	—	
					超差/不包络	有	高	更换组件	
2		球形气瓶	材料抗拉强度		合格/包络	无	低	—	材料入厂复验
					超差/包络	有	中	—	
					超差/不包络	有	高	更换组件	
3			材料延伸率		合格/包络	无	低	—	材料入厂复验
					超差/包络	有	中	—	
					超差/不包络	有	高	更换组件	
4	自生增压系统	安溢活门	膜片材料抗拉强度	泵前压力、温度、流量	合格/包络	无	低	—	材料入厂复验
					超差/包络	有	中	—	寿命试验
					超差/不包络	有	高	更换组件	
5			膜片延伸率		合格/包络	无	低	—	材料入厂复验
					超差/包络	有	中	—	
					超差/不包络	有	高	更换组件	
6			变流量贮箱压力		合格/包络	无	低	—	单机试验、总装测试
					超差/包络	有	中	—	
					超差/不包络	有	高	更换产品	

续表

序号	系统参数	系统	关键单机	关键参数	包络结果	有无风险	风险等级	风险应对措施	措施验证手段
7	泵前压力、温度、流量	输送系统流阻	输送管	输送管抗拉强度	合格/包络	无	低	—	材料入厂复验
					合格/不包络	有	中	—	
					超差/不包络	有	高	更换组件	
8				输送管延伸率	合格/包络	无	低	—	材料入厂复验
					合格/不包络	有	中	—	
					超差/不包络	有	高	更换组件	
9			补偿器	补偿器抗拉强度	合格/包络	无	低	—	材料入厂复验
					合格/不包络	有	中	—	
					超差/不包络	有	高	更换组件	
10				补偿器延伸率	合格/包络	无	低	—	材料入厂复验
					合格/不包络	有	中	—	
					超差/不包络	有	高	更换组件	
11			蓄压器	膜片抗拉强度	合格/包络	无	低	—	材料入厂复验 膜片疲劳试验
					合格/不包络	有	中	—	
					超差/不包络	有	高	更换组件	

表 9-8　低温增压输送系统典型关键产品及其关键特性风险闭环管理汇总表

序号	系统	系统参数	关键单机	关键参数	包络结果	有无风险	风险等级	风险应对措施	措施验证手段
1	氧冷氦增压系统	泵前压力、温度、流量	冷氦电磁阀	21 MPa、13MPa 下，总漏气量(mL/s)	合格/包络	无	低	—	单机试验
					合格/不包络	有	中	—	
					超差/包络	有	高	—	
					超差/不包络	有	高	更换产品	
2				小膜片材料抗拉强度	合格/包络	无	低	—	材料入厂复验、膜片疲劳试验
					合格/不包络	有	中	—	
					超差/包络	有	高	—	
					超差/不包络	有	高	更换产品	
3			液氧安溢活门	变流量贮箱压力	合格/包络	无	低	—	单机试验、总装测试
					合格/不包络	有	中	—	
					超差/包络	有	高	—	
					超差/不包络	有	高	更换产品	
4			气瓶	材料抗拉强度	合格/包络	无	低	—	材料入厂复验
					合格/不包络	有	中	—	
					超差/包络	有	高	—	
					超差/不包络	有	高	更换组件	
5				材料延伸率	合格/包络	无	低	—	材料入厂复验
					合格/不包络	有	中	—	
					超差/包络	有	高	—	
					超差/不包络	有	高	更换组件	

续表

序号	系统参数	系统	关键单机	关键参数	包络结果	有无风险	风险等级	风险应对措施	措施验证手段
6	泵前压力、温度、流量	氢、氧常温补压系统	补压电磁阀	振动条件下 23 MPa 压力下总漏气量（mL/s）	合格/包络	无	低	—	单机试验
					合格/包络	有	中	—	
					超差/包络	有	高	—	
					超差/不包络	有	高	更换组件	
7				材料抗拉强度	合格/包络	无	低	—	材料入厂复验
					合格/包络	有	中	—	
					超差/包络	有	高	—	
					超差/不包络	有	高	更换组件	
8				材料延伸率	合格/包络	无	低	—	材料入厂复验
					合格/包络	有	中	—	
					超差/包络	有	高	—	
					超差/不包络	有	高	更换组件	
9		氢自生增压系统	球形气瓶	膜片材料抗拉强度	合格/包络	无	低	—	材料入厂复验、膜片疲劳试验
					合格/包络	有	中	—	
					超差/包络	有	高	—	
					超差/不包络	有	高	更换组件	
10				变流量贮箱压力	合格/包络	无	低	—	单机试验、总装测试
					合格/包络	有	中	—	
					超差/包络	有	高	—	
					超差/不包络	有	高	更换产品	

续表

序号	系统参数	系统	关键单机	关键参数	包络结果	有无风险	风险等级	风险应对措施	措施验证手段
11	泵前压力、温度、流量	输送系统流阻	输送管	输送管抗拉强度	合格/包络	无	低	—	材料入厂复验
					合格/不包络	有	中	—	
					超差/包络	有	高	—	
					超差/不包络	有	高	更换组件	
12				输送管延伸率	合格/包络	无	低	—	材料入厂复验
					合格/不包络	有	中	—	
					超差/包络	有	高	—	
					超差/不包络	有	高	更换组件	
13			补偿器	补偿器抗拉强度	合格/包络	无	低	—	材料入厂复验
					合格/不包络	有	中	—	
					超差/包络	有	高	—	
					超差/不包络	有	高	更换组件	
14				补偿器延伸率	合格/包络	无	低	—	材料入厂复验
					合格/不包络	有	中	—	
					超差/包络	有	高	—	
					超差/不包络	有	高	更换组件	

9.5　本章小结

　　本章以运载火箭动力及增压输送系统为例，阐述产品飞行成功子样数据包络分析在航天工程实践中的应用过程，从顶层出发，火箭总体确定了关键参数及"成功判定准则"，作为系统开展工作的依据；以液体火箭动力系统总体为例，确定了动力系统总体关键系统及关键参数，完成了系统的分析及顶层指标的分解及传递工作。针对不同产品关键参数的特点，建立与之相适应的包络模型，并给出了参数的成功数据定义及包络范围，给出是否包络的分析结论，基于关键参数评估分析方法进行了包络分析结果风险分析，并给出了每项关键参数的闭环管理方法。

参 考 文 献

［1］ 张公绪. 新编质量管理学［M］. 北京：高等教育出版社，2001.

［2］ 茆诗松. 统计手册［M］. 北京：科学出版社，2006.

［3］ 茆诗松，汤银才. 贝叶斯统计［M］. 北京：中国统计出版社，2012.

［4］ 邵家骏. 健壮设计手册［M］. 北京：国防工业出版社，2002.

［5］ 张金槐，刘琦，冯静. Bayes 试验分析方法［M］. 长沙：国防科技大学出版社，2007.

［6］ 刘育明，梁军，毛勇，等. 基于支持向量机的 MSPC 方法及其应用［J］. 浙江大学学报（工学版），2006，10（40）：1720 - 1724.

［7］ 王华忠，俞金寿. 统计学习理论与支持向量机在过程控制中的应用［J］. 化工自动化及仪表，2004，31（5）：1 - 6.

［8］ Prakash，L Eduardo Izquierdo，Darek Ceglarek. Functional process adjustments to reduce No - Fault - Found product failures in service caused by in - tolerance faults［J］. CIRP Annals - Manufacturing Technology，2009，58：37 - 40.

［9］ Kamal Mannar，Darek Ceglarek. Functional capability space and optimum process adjustments for manufacturing processes with in - specs failure［J］. IIE Transaction，2010，42：95 - 106.

［10］ RuiXiang Sun，FuGee Tsung. A kernel - distance - based multivariate control chart using support vector methods［J］. International Journal of Production Research，2003，13（41）：2975 - 2989.

［11］ Mark A Powell. Risk Assessment Sensitivies for Very Low Probability Events with Severe Consequences［C］. IEEEAC，January 5，2010：1 - 9.

［12］ Constellation Probabilistic Risk Assessment（PRA）：Design Considerations for CEV. OSMA - PRA - 07 - 01，2006.

［13］ Fayssa M Safie，Raymond P Fuller. NASA Applications and Lessons Learned in Reliability Engineering.

［14］ 魏权龄. 数据包络分析［M］. 北京：科学出版社，2004.

［15］ 刘志华，厉克勤，焦好军. 焊接工艺裕度及其与焊接质量保证的关系［J］. 焊接学报，1996，17（3）：188 - 197.

［16］ 刘志全. 航天器机械可靠性特征量裕度的概率设计方法［J］. 中国空间科学技术，2007，27（4）：34 - 43.

［17］ 国防科工委科技与质量司国防科技工业质量与可靠性研究中心. 美国国防部可靠性分析中心产品可靠性蓝皮书［M］. 北京，2001.

［18］ 张公绪，孙静. 质量工程师手册［M］. 北京：企业管理出版社，2002.

［19］ 李宝盛，雷春钢. 液体火箭发动机性能参数的贝叶斯评估方法［J］. 中国空间科学技术，2005，25（3）：28 - 34.

［20］ 蒋平，郭波，张昆仑. 机械制造的工艺可靠性研究综述［C］.

［21］ 朱慧明，赵锐. 基于自相关过程的贝叶斯质量控制模型研究［J］. 计算机集成制造系统，2008，3

(14): 615 - 618.

[22] Camci F, Chinnam R B. Robust Kernel Distance Multivariate Control Chart Using Support Vector Principles [J]. International Journal of Production Research, 2008, 1: 1 - 21.

[23] 杜志明. 系统平衡裕度分析方法及其应用实例 [J]. 北京理工大学学报, 2005, 25 (10): 926 - 930.

[24] 杨世元, 吴德会, 苏海涛. 基于 PCA 和 SVM 的控制图失控模式智能识别方法 [J]. 系统仿真学报, 2006, 5 (18): 1314 - 1318.

[25] 雒继忠, 靳思贤, 杨勇. 质量风险管理的研究与应用 [J]. 石油化工应用, 2008, 27 (3): 1 - 4, 13.

[26] 高红星, 张海黎, 李健. 型号项目研制质量风险管理方法 [J]. 质量与可靠性, 2008 (3): 13 - 16.

[27] 吴少雄, 黄恩洲. 基于支持向量机的控制图在线检测和分析系统的研究 [J]. 2006, 24 (17): 2562 - 2566.

[28] 冯静. 小子样复杂系统可靠性信息融合方法与应用研究 [D]. 长沙: 国防科学技术大学, 2004.

[29] 郭云涛. 固体火箭发动机质量综合评价研究 [D]. 西安: 西北工业大学, 2001.

[30] 唐俊, 张明清. 基于 Bayes MonteCarlo 方法的小样本模糊可靠性仿真研究 [J]. 系统仿真学报, 2009, 33 (21): 7557 - 7563.

[31] 李方方, 赵英凯, 颜昕. 基于 Matlab 的最小二乘支持向量机的工具箱及其应用 [J]. 计算机应用, 2006, 12 (26): 358 - 360.

[32] 王晶. 基于 Bootstrap 方法的多品种小批量生产的质量控制研究 [D]. 天津: 天津大学, 2006.

[33] Ji Hoon Kang, Seoung Bum Kim. Clustering Algorithm - based Control Charts [C]. IEEE, 2011: 272 - 277.

[34] 张陶, 刘智卿. 航天质量问题归零管理的历史追溯和发展 [J]. 质量与可靠性, 2012 (3): 24 - 29.

[35] ADS - MA - HDBK, AERONAUTICAL DESIGN STANDARD HANDBOOK, QUALIFICATION EQUIREMENTS AND IDENTIFICATION OF CRITICAL CHARACTERISTICS FOR AIRCRAFT ENGINE COMPONENTS.

[36] James H Nelson, METHODOLOGY FOR THE SYSTEMS ENGINEER ING PROCESS Volume II: Technical Parameters.

[37] MIL - STD - 1586, Quality Program Requirements for Space and Launch Vehicles.

[38] NASA Systems Engineering Handbook, SP - 2007 - 6105.

[39] Boeing Advanced Quality System Tools, AQS D1 - 9000 - 1.

[40] Anna C Thornton. Variation Risk Management - Focusing Quality Improvement in Product Development and Production, Wiley, 2004.

[41] AS 9103 Paper, Critical Characteristics and Key Product Characteristics (KC), 2003.

[42] QJ 892 - 85, 航天产品特性分类和管理要求.

[43] QJ 3230 - 2005, 产品特性分类分析报告编写规定.

[44] NASA CR - 61381, Methodology for the Systems Engineering Process Volume II: Technical Parameters.

[45] Christopher J G, Daniel J H L, Russel E R. Using Technical Performance Measures, 47th AIAA/ASME/SAE/ASEE Joint Propulsion Conference, 2011.

[46]　Technical Performance Measures Management Process and System，US 2008/0082379 A1.

[47]　Constellation Systems Launch Vehicle (CSLV) Systems Engineering Management Plan (SEMP)，2006.

[48]　Michael D W，Gary W K. Application of System Operational Effectiveness Methodology to Space Launch Vehicle Development and Operations.

[49]　Carl A Slater. Implementing the Technical Performance Measures (TPM) Plan in the International Space Station Alpha Product Team Environment，IEEE，1995.

[50]　GJB 2364 — 1995，运载火箭通用规范.

[51]　GJB 1304 — 1991，战略导弹控制系统通用规范.

[52]　QJ 1941 — 1990，推进剂贮箱设计准则.

[53]　QJ 1545A — 1998，战略导弹及运载火箭总装、测试质量信息采集卡及填写规范.

[54]　QJ 2115 — 1991，液体战略导弹（火箭）输送系统增压计算方法.

[55]　QJ 1705A — 1998，液体火箭发动机装配、分解要求.

[56]　QJ 504A — 1996，流量电液伺服阀通用规范.

[57]　QJ 1425 — 1988 液体火箭动力系统飞行试验结果分析.

[58]　邝勇，黄朝晖. 成功数据包络分析方法在发动机质量控制中的实践 [J]. 质量与可靠性，2011 (5)：50 - 53.

[59]　Camci F，Chinnam R B，Ellis R D. Robust kernel distance multivariate control chart using support vector principles [J]. International Journal of Production Research，2008，46 (18)：5075 - 5095.

[60]　NASA - STD - 5001，航天飞行硬件结构设计与试验安全性系数，2008.

[61]　ECSS - E - ST - 32 - 10C，航天工程-航天飞行硬件结构安全性系数，2009，3.

[62]　NASA - HDBK - 7005，Dynamic Environmental Criteria，2001.

[63]　Liu Xiaoxiong，Chen Kang，Qiu Yueheng，et al. A method of fault diagnosis and flight envelop assessment for flight control systems [J]. Procedia Engineering，2011：220 - 224.

[64]　NASA/TP - 1998 - 207194，Probability and Statistics in Aerospace Engineering.

[65]　Rohit Pandita，Abhijit Chakraborty，Peter Seiler. Reachability and Region of Attraction Analysis Applied to GTM Dynamic Flight Envelope Assessment [A]. AIAA Guidance，Navigation，and Control Conference，1 - 21.

[66]　胡云，李跃生，荆泉. 航天产品成功数据包络分析技术方法探讨 [J]. 质量与可靠性，2012，12：330 - 335.

[67]　米凯，胡云，荆泉. 数据密度在航天产品成功数据包络分析中的应用 [J]. 制造业自动化，2013，35 (12)：90 - 93.

[68]　胡云，米凯. 数据密度在航天产品成功数据包络分析中的应用 [C]. 2013 年航天可靠性学术交流会.

[69]　Mi Kai，Hu Yun. A density - based potential mission risk assessment approach for aerospace products [C]. Advanced Design and Manufacturing Technology III Part 1..

[70]　胡云，米凯. 贝叶斯方法在小子样航天产品成功数据包络分析中的应用探讨 [C]. 2013 年航天可靠性学术交流会.

[71]　黄仕启，姜冬玲，龙威，等. 基于模糊综合评价法的某型发动机成功数据包络风险评估研究 [C]. 中国宇航学会液体火箭推进专业委员会学术研讨会论文集，2013 年.

[72]　黄仕启，姜冬玲，龙威，等. 基于模糊综合评价法的某型发动机成功数据包络风险评估研究 [J].

航天推进与动力，2013（3）.

[73]　徐嫣，韩峰，孙岳. 产品成功数据包络的分析研究和应用展望［C］. 第十三届航天控制技术学术年会论文集.

[74]　韩峰，于玮，徐嫣. 控制系统成功数据包络分析的应用与探讨［C］. 第十三届航天控制技术学术年会论文集.

[75]　徐东，涂建，李超峰，等. 成功数据包络分析方法在战斗部领域应用研究［C］. 2013年第十三届全国战斗部与毁伤技术学术交流会论文集.

[76]　张佳林，郭建伟，王海涛. 基于有限元分析的O形圈高压密封包络特性研究［C］，2013年航天第五专业信息网.

[77]　魏超，刘继锋，韩书锋. 基于质量功能展开的固体火箭发动机关键参数识别方法研究［C］. 2013年航天可靠性学术交流会.

[78]　魏超，刘继锋，韩书锋. 基于QFD的固体火箭发动机关键参数识别方法研究［C］. 四十一所2013年学术交流会暨四院科技委固体发动机设计与研究专业组学术研讨会.

[79]　魏超，王富春，邝勇，等. QFD技术在固体火箭发动机设计中的应用［J］. 质量与可靠性，2010（1）：43-46.

[80]　魏一，何巍，李聃，等. 液体火箭动力系统总体产品数据包络分析对象及参数研究［J］. 质量与可靠性，2012，12：288-291.

[81]　魏一，陈海鹏，何巍，等. 基于产品成功数据包络分析方法的系统分险评估探索［J］. 中国航天科技集团公司科技委2013年学术报告会文集.

[82]　孙法国，崔景芝. 箭体保险阀数据包络模型构建方法研究［C］. 2013年航天可靠性学术交流会.

[83]　胡云，米凯. 支持向量机在航天产品成功数据包络分析中的应用［C］. 第六届中国质量创新与学术论坛，2014.

[84]　荆泉，李京苑，胡云. 对产品成功数据包络分析方法的探索与实践［J］. 质量与可靠性，2014（4）：47-52.

[85]　荆泉，李京苑. 航天产品成功数据包络分析方法探索与实践［C］. 第六届中国质量创新与学术论坛，2014.

[86]　魏超，刘继锋，韩书锋. 基于贝叶斯估计的固体发动机成功包络范围确定及超包络风险闭环管理方法研究［C］. 第三届航天工程科技论坛暨航天科技集团公司科技委2014年学术年会.

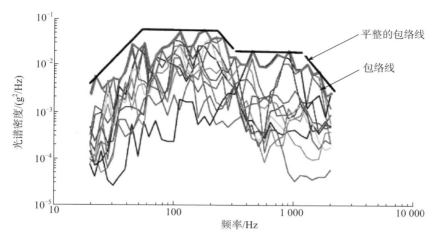

图 1-5　最大预期环境包络线法（P14）

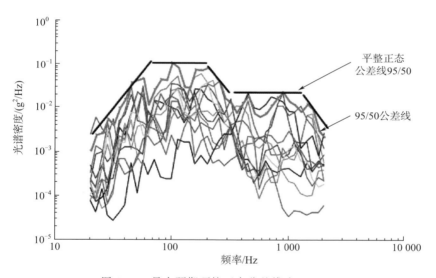

图 1-6　最大预期环境正态公差线法（P16）

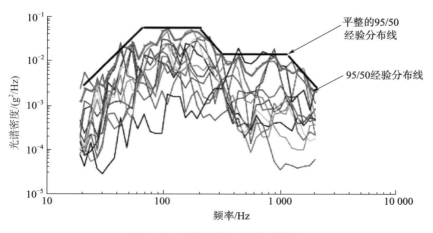

图 1-9　经验分布公差线（P18）

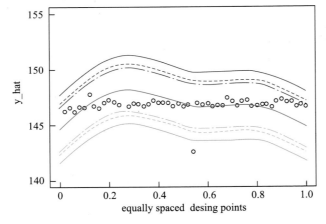

图 6-2　电流的置信带仿真（P136）

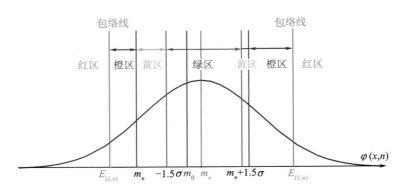

图 7-1　包络分析风险分布图（技术指标在包络线内）（P141）

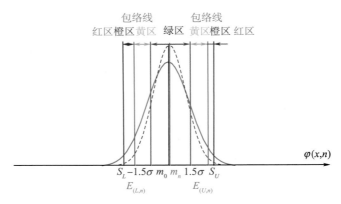

图 7-2　包络分析风险分布图（技术指标在包络线外）（P142）